普通高等教育"十一五"规划教材

《编译原理》
习题解析与上机指导
（第三版）

主　编　王　磊　　胡元义
副主编　邓亚玲　　谈姝辰　　段敬红
　　　　初建玮　　杨凯锋

科学出版社

北　京

内 容 简 介

本书是《编译原理》(王磊、胡元义主编,科学出版社出版,第三版)一书配套的习题解析与上机指导教材,也可单独使用。本书的习题解析部分对《编译原理》中的习题进行了深入、细致的分析和解答,为读者熟练掌握编译原理知识、抓住重点、突破难点提供了有益的帮助。本书的上机指导部分包括由高级语言到中间语言、由汇编语言到机器语言的翻译,使编译的主要翻译阶段和环节都能微观且实时地显示出来,较好地解决了编译原理的理论与实践的衔接问题。此外,我们结合自己开发的 8086/8088 小汇编指令到机器代码的翻译成果,将 8086/8088 汇编指令如何翻译成机器代码的方法引入到书中,有利于读者了解低级语言的翻译过程和实现方法。

本书可作为计算机专业的本科教材,也可作为计算机软件工程人员的参考资料。

图书在版编目(CIP)数据

《编译原理》习题解析与上机指导 / 王磊,胡元义主编.—3 版.—北京:科学出版社,2009

普通高等教育"十一五"规划教材

0   ISBN 978-7-03-025125-1

Ⅰ.编… Ⅱ.①王…②胡… Ⅲ.编译程序-程序设计-高等学校-教学参考资料 Ⅳ.TP314

中国版本图书馆 CIP 数据核字(2009)第 132687 号

责任编辑:贾瑞娜 / 责任校对:陈玉凤
责任印制:徐晓晨 / 封面设计:耕者设计工作室

科 学 出 版 社 出版
北京东黄城根北街 16 号
邮政编码:100717
http://www.sciencep.com

北京京华虎彩印刷有限公司 印刷
科学出版社发行 各地新华书店经销
*

2009 年 8 月第 三 版   开本:B5(720×1000)
2015 年 5 月第二次印刷   印张:14 3/4
字数:286 000
定价:36.00 元

(如有印装质量问题,我社负责调换)

前　言

　　编译原理是计算机专业的一门核心课程,在计算机本科教学中占有十分重要的地位。由于编译原理课程具有很强的理论性和实践性,因而学生在学习时普遍感到内容抽象,不易理解,掌握起来难度较大。本书通过习题解析的方式来帮助读者理解编译技术的原理和概念,掌握编译原理的相关方法,提高分析问题与解决问题的能力。本书的上机指导部分则给读者提供了一个完整的小型编译程序,以便读者上机实践,较好地解决了编译原理与实践的衔接问题,使读者对编译原理有一个形象、直观和透彻的认识及感受,以便深入了解和掌握编译原理的内容及实现方法。

　　本书是与编者在科学出版社出版的《编译原理》(第三版)一书相配套的习题解析与上机指导教材,它也可以与目前各种编译原理教材配套使用。本书分为两篇,第一篇为编译原理习题解析部分。为了便于读者正确理解编译原理的概念,掌握解题方法,本篇对《编译原理》(第三版)一书中各章的习题都给出了详尽的解题过程以及引用到的概念、原理和公式的出处;对有代表性的习题和疑难习题也给出了详细的分析和解答。此外,对某些习题,本书还给出了一些新的解题思路和方法。本书的第二篇是编译上机指导部分,给出了一个完整的小型编译程序,该程序涵盖了编译原理的词法分析、语法分析、中间代码生成等各阶段的内容。此外,还给出了8086/8088汇编语言到机器语言的翻译程序。本书中的小型编译程序可接受本书中文法规定的高级语言程序,并将其翻译成四元式代码形式的中间语言程序,并且使编译的主要翻译阶段和环节都能微观且实时地显示出来,有利于读者深入了解编译的内部过程和实现细节,并为读者开拓了进一步学习和运用编译原理的视野。对目标代码生成,国内的编译教材只是笼统地介绍了从中间代码到假想机汇编这一级的翻译,究竟计算机是如何实现将汇编语言翻译成可执行的机器代码却均无介绍。我们结合自己开发的8086/8088小汇编指令到机器代码的翻译成果,将8086/8088汇编指令如何翻译成机器代码的方法引入到书中,有利于读者了解低级语言的翻译过程和实现方法。

　　由于编者水平所限,本书难免存在差错和不足,敬请广大读者批评指正。

编　者

2009 年 5 月

目　　录

第一篇

习题解析

第1章 绪 论

1.1 完成下列选择题：

(1) 构造编译程序应掌握_____。

    a. 源程序   b. 目标语言

    c. 编译方法   d. 以上三项都是

(2) 编译程序绝大多数时间花在_____上。

    a. 出错处理   b. 词法分析

    c. 目标代码生成   d. 表格管理

(3) 编译程序是对_____。

    a. 汇编程序的翻译   b. 高级语言程序的解释执行

    c. 机器语言的执行   d. 高级语言的翻译

【解答】 (1) d   (2) d   (3) d

1.2 计算机执行用高级语言编写的程序有哪些途径？它们之间的主要区别是什么？

【解答】 计算机执行用高级语言编写的程序主要有两种途径:解释和编译。

在解释方式下,翻译程序事先并不采用将高级语言程序全部翻译成机器代码程序,然后执行这个机器代码程序的方法,而是每读入一条源程序的语句,就将其解释(翻译)成对应其功能的机器代码语句串并执行,而所翻译的机器代码语句串在该语句执行后并不保留,然后再读入下一条源程序语句,并解释执行。这种方法是按源程序中语句的动态执行顺序逐句解释(翻译)执行的,如果一语句处于一循环体中,则每次循环执行到该语句时,都要将其翻译成机器代码后再执行。

在编译方式下,高级语言程序的执行是分两步进行的:第一步首先将高级语言程序全部翻译成机器代码程序,第二步才是执行这个机器代码程序。因此,编译对源程序的处理是先翻译,后执行。

从执行速度上看,编译型的高级语言比解释型的高级语言要快,但解释方式下的人机界面比编译型的好,便于程序调试。

这两种途径的主要区别在于:解释方式下不生成目标代码程序,而编译方式下生成目标代码程序。

1.3 请画出编译程序的总框图。如果你是一个编译程序的总设计师,设计编译程序时应当考虑哪些问题？

【解答】 编译程序总框图如图 1-1 所示。

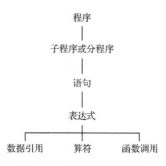

图 1-1　编译程序总框图

　　作为一个编译程序的总设计师,首先要深刻理解被编译的源语言其语法及语义;其次,要充分掌握目标指令的功能及特点,如果目标语言是机器指令,还要搞清楚机器的硬件结构以及操作系统的功能;第三,对编译的方法及使用的软件工具也必须准确化。总之,总设计师在设计编译程序时必须估量系统功能要求、硬件设备及软件工具等诸因素对编译程序构造的影响等。

第2章 词法分析

2.1 完成下列选择题：

(1) 词法分析器的输出结果是_____。

    a. 单词的种别编码   b. 单词在符号表中的位置

    c. 单词的种别编码和自身值   d. 单词自身值

(2) 正规式 M_1 和 M_2 等价是指_____。

    a. M_1 和 M_2 的状态数相等

    b. M_1 和 M_2 的有向边条数相等

    c. M_1 和 M_2 所识别的语言集相等

    d. M_1 和 M_2 状态数和有向边条数相等

(3) DFA M(图 2-1)接受的字集为_____。

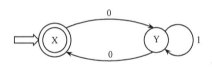

图 2-1 习题 2.1 的 DFA M

    a. 以 0 开头的二进制数组成的集合

    b. 以 0 结尾的二进制数组成的集合

    c. 含奇数个 0 的二进制数组成的集合

    d. 含偶数个 0 的二进制数组成的集合

【解答】 (1) c   (2) c   (3) d

2.2 什么是扫描器？扫描器的功能是什么？

【解答】 扫描器就是词法分析器,它接受输入的源程序,对源程序进行词法分析并识别出一个个单词符号,其输出结果是单词符号,供语法分析器使用。通常把词法分析器作为一个子程序,每当词法分析器需要一个单词符号时就调用这个子程序。每次调用时,词法分析器就从输入串中识别出一个单词符号交给语法分析器。

2.3 设 M＝({x,y}，{a,b}，f, x，{y})为一非确定的有限自动机,其中 f 定义如下：

$$f(x,a)＝\{x,y\} \qquad f\{x,b\}＝\{y\}$$
$$f(y,a)＝\Phi \qquad f\{y,b\}＝\{x,y\}$$

试构造相应的确定有限自动机 M′。

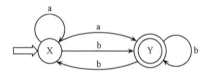

图 2-2   习题 2.3 的 NFA M

【解答】 对照自动机的定义 M＝(S, Σ, f, S_0, Z), 由 f 的定义可知 f(x,a)、f(y,b) 均为多值函数, 因此 M 是一非确定有限自动机。

先画出 NFA M 相应的状态图, 如图 2-2 所示。

用子集法构造状态转换矩阵, 如表 2-1 所示。

表 2-1   状态转换矩阵

I	I_a	I_b
{x}	{x,y}	{y}
{y}	—	{x,y}
{x,y}	{x,y}	{x,y}

将转换矩阵中的所有子集重新命名, 形成表 2-2 所示的状态转换矩阵。

表 2-2   状态转换矩阵

f 字符 状态	a	b
0	2	1
1	—	2
2	2	2

即得到 M′＝({0,1,2},{a,b},f, 0,{1,2}), 其状态转换图如图 2-3 所示。

将图 2-3 所示的 DFA M′最小化。首先, 将 M′的状态分成终态组{1,2}与非终态组{0}。其次, 考察{1,2}, 由于 {1,2}_a={1,2}_b={2}⊂{1,2}, 所以不再将其划分, 也即整个划分只有两组:

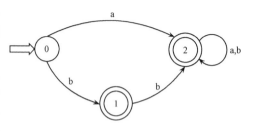

图 2-3   习题 2.3 的 DFA M′

{0}和{1,2}。令状态 1 代表{1,2}, 即把原来到达 2 的弧都导向 1, 并删除状态 2。最后, 得到如图 2-4 所示的化简了的 DFA M′。

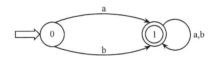

图 2-4　图 2-3 化简后的 DFA M′

2.4　正规式(ab)*a 与正规式 a(ba)* 是否等价？请说明理由。

【解答】　正规式(ab)*a 对应的 NFA 如图 2-5 所示，正规式 a(ba)* 对应的 NFA 如图 2-6 所示。

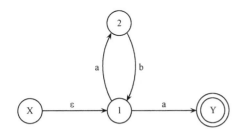

图 2-5　正规式(ab)*a 对应的 NFA　　　　　　图 2-6　正规式 a(ba)* 对应的 DFA

用子集法将图 2-5 和图 2-6 分别确定化为如图 2-7(a)和(b)所示的状态转换矩阵，它们最终都可以得到最简 DFA，如图 2-8 所示。因此，这两个正规式等价。

I	I_a	I_b
{X,1}	{2,Y}	—
{2,Y}	—	{1}
{1}	{2,Y}	—

(a)

I	I_a	I_b
{X}	{1,Y}	{2}
{1,Y}	—	—
{2}	{1,Y}	—

(b)

图 2-7　图 2-5 和图 2-6 确定化后的状态转换矩阵

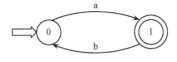

图 2-8　最简 NFA

实际上，当闭包*取 0 时，正规式(ab)*a 与正规式 a(ba)* 的由初态 X 到终态 Y 之间仅存在一条 a 弧。由于(ab)*在 a 之前，故描述(ab)*的弧应在初态节点 X 上；而(ba)*在 a 之后，故(ba)*对应的弧应在终态节点 Y 上。因此(ab)*a 和 a(ba)*所对应的 NFA 也可分别描述为如图 2-9(a)和(b)所示的形式，它们确定化并化简后仍可得到图 2-8 所示的最简 NFA。

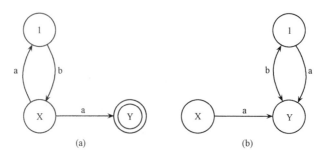

图 2-9　(ab)* a 和 a(ba)* 分别对应的 NFA

2.5　设有 $L(G) = \{a^{2n+1} b^{2m} a^{2p+1} \mid n \geqslant 0, p \geqslant 0, m \geqslant 1\}$：

(1) 给出描述该语言的正规表达式；

(2) 构造识别该语言的确定有限自动机(可直接用状态图形式给出)。

【解答】　该语言对应的正规表达式为 a(aa)* bb(bb)* a(aa)*，正规表达式对应的 NFA 如图 2-10 所示。

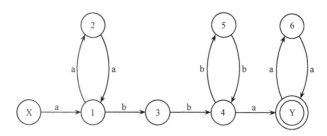

图 2-10　习题 2-5 的 NFA

用子集法将图 2-10 确定化,如图 2-11 所示。

I	I_a	I_b		S	a	b
{X}	{1}	—		0	1	—
{1}	{2}	{3}		1	2	3
{2}	{1}	—	重新命名	2	1	—
{3}	—	{4}		3	—	4
{4}	{Y}	{5}		4	7	5
{5}	—	{4}		5	—	4
{Y}	{6}	—		7	6	—
{6}	{Y}	—		6	7	—

图 2-11　习题 2.5 的状态转换矩阵

由图 2-11 重新命名后的状态转换矩阵可化简为(也可由最小化方法得到)

$\{0,2\}$ $\{1\}$ $\{3,5\}$ $\{4,6\}$ $\{7\}$

按顺序重新命名为 0、1、2、3、4 后得到最简的 DFA,如图 2-12 所示。

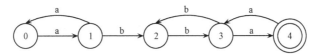

图 2-12 习题 2.5 的最简 DFA

2.6 有语言 L=$\{w|w\in(0,1)^+$,并且 w 中至少有两个 1,又在任何两个 1 之间有偶数个 0$\}$,试构造接受该语言的确定有限状态自动机(DFA)。

【解答】 对于语言 L,w 中至少有两个 1,且任意两个 1 之间必须有偶数个 0;也即在第一个 1 之前和最后一个 1 之后,对 0 的个数没有要求。据此我们求出 L 的正规式为 $0^*1(00(00)^*1)^*00(00)^*10^*$,画出与正规式对应的 NFA,如图 2-13 所示。

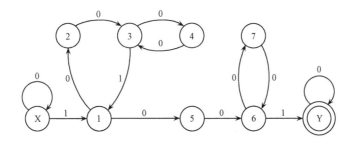

图 2-13 习题 2.6 的 NFA

用子集法将图 2-13 的 NFA 确定化,如图 2-14 所示。

I	I_0	I_1		S	0	1
$\{X\}$	$\{X\}$	$\{1\}$		0	0	1
$\{1\}$	$\{2,5\}$	—		1	2	
$\{2,5\}$	$\{3,6\}$			2	3	
$\{3,6\}$	$\{4,7\}$	$\{1,Y\}$		3	4	5
$\{4,7\}$	$\{3,6\}$	—		4	3	
$\{1,Y\}$	$\{2,5,Y\}$	—		5	6	
$\{2,5,Y\}$	$\{3,6,Y\}$	—		6	7	
$\{3,6,Y\}$	$\{4,7,Y\}$	$\{1,Y\}$		7	8	5
$\{4,7,Y\}$	$\{3,6,Y\}$	—		8	7	

重新命名

图 2-14 习题 2.6 的状态转换矩阵

由图 2-14 可看出非终态 2 和 4 的下一状态相同,终态 6 和 8 的下一状态相同,即得到最简状态为

$$\{0\}、\{1\}、\{2,4\}、\{3\}、\{5\}、\{6,8\}、\{7\}$$

按顺序重新命名为 0、1、2、3、4、5、6,则得到最简 DFA,如图 2-15 所示。

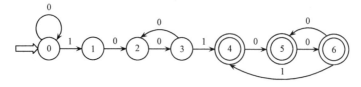

图 2-15   习题 2.6 的最简 DFA

2.7   已知正规式$((a|b)^* |aa)^* b$ 和正规式$(a|b)^* b$:

(1)试用有限自动机的等价性证明这两个正规式是等价的;

(2)给出相应的正规文法。

【解答】   (1)正规式$((a|b)^* |aa)^* b$ 对应的 NFA 如图 2-16 所示。

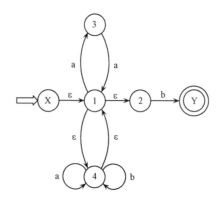

图 2-16   正规式$((a|b)^* |aa)^* b$ 对应的 NFA

用子集法将图 2-16 所示的 NFA 确定化为 DFA,如图 2-17 所示。

I	I_a	I_b
$\{X,1,2,4\}$	$\{1,2,3,4\}$	$\{1,2,4,Y\}$
$\{1,2,3,4\}$	$\{1,2,3,4\}$	$\{1,2,4,Y\}$
$\{1,2,4,Y\}$	$\{1,2,3,4\}$	$\{1,2,4,Y\}$

重新命名

S	a	b
1	2	3
2	2	3
3	2	3

图 2-17   图 2-16 确定化后的状态转换矩阵

　　由于对非终态的状态 1、2 来说，它们输入 a、b 的下一状态是一样的，故状态 1 和状态 2 可以合并，将合并后的终态 3 命名为 2，则得到表 2-3（注意，终态和非终态即使输入 a、b 的下一状态相同也不能合并）。

表 2-3　合并后的状态转换矩阵

S	a	b
1	1	2
2	1	2

　　由此得到最简 DFA，如图 2-18 所示。

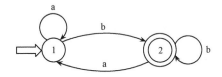

图 2-18　习题 2.7 的最简 DFA

　　正规式 (a|b)*b 对应的 NFA 如图 2-19 所示。

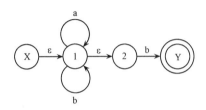

图 2-19　正规式 (a|b)*b 对应的 NFA

　　用子集法将图 2-19 所示的 NFA 确定化为如图 2-20 所示的状态转换矩阵。

I	I_a	I_b
{X,1,2}	{1,2}	{1,2,Y}
{1,2}	{1,2}	{1,2,Y}
{1,2,Y}	{1,2}	{1,2,Y}

重新命名

S	a	b
1	2	3
2	2	3
3	2	3

图 2-20　图 2-19 确定化后的状态转换矩阵

　　比较图 2-20 与图 2-17，重新命名后的转换矩阵是完全一样的，也即正规式 (a|b)*b 可以同样得到化简后的 DFA 如图 2-18 所示。因此，两个自动机完全一样，即两个正规文法等价。

　　(2) 对图 2-18，令 A 对应状态 1，B 对应状态 2，则相应的正规文法 G[A] 为

$$G[A]:A\rightarrow aA|bB|b$$
$$B\rightarrow aA|bB|b$$

　　G[A] 可进一步化简为 G[S]:S→aS|bS|b（非终结符 B 对应的产生式与 A 对应的产生式相同，故两非终结符等价，即可合并为一个产生式）。

2.8 下列程序段以 B 表示循环体,A 表示初始化,I 表示增量,T 表示测试:

```
I = 1;
while (I< = n)
    {
    sun = sun + a[I];
    I = I + 1;
    }
```

请用正规表达式表示这个程序段可能的执行序列。

【解答】 用正规表达式表示程序段可能的执行序列为 AT(BIT)*。

2.9 将图 2-21 所示的非确定有限自动机(NFA)变换成等价的确定有限自动机(DFA),其中,X 为初态,Y 为终态。

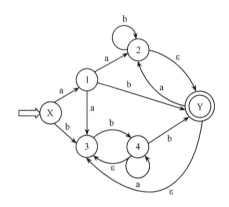

图 2-21 习题 2.9 的 NFA

【解答】 用子集法将 NFA 确定化,如图 2-22 所示。

I	I_a	I_b
{X}	{1}	{3}
{1}	{2,3,Y}	{3,Y}
{3}	—	{3,4}
{2,3,Y}	{2,3,Y}	{2,3,4,Y}
{3,Y}	{2,3,Y}	{3,4}
{3,4}	{3,4}	{3,4,Y}
{2,3,4,Y}	{2,3,4,Y}	{2,3,4,Y}
{3,4,Y}	{2,3,4,Y}	{3,4,Y}

重新命名

S	a	b
0	1	2
1	3	4
2	—	5
3	3	6
4	3	5
5	5	7
6	6	6
7	6	7

图 2-22 习题 2.9 的状态转换矩阵

图 2-22 所对应的 DFA 如图 2-23 所示。

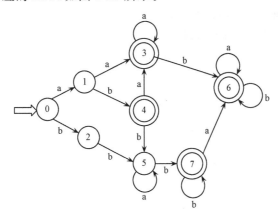

图 2-23　习题 2.9 的 DFA

对图 2-23 的 DFA 进行最小化。首先将状态分为非终态集和终态集两部分：
{0,1,2,5}和{3,4,6,7}。由终态集可知,对于状态 3、6、7,无论输入字符是 a 还是
b 的下一状态均为终态集,而状态 4 在输入字符 b 的下一状态落入非终态集,故将
其化为分

$$\{0,1,2,5\},\{4\},\{3,6,7\}$$

对于非终态集,在输入字符 a、b 后按其下一状态落入的状态集不同而最终划
分为

$$\{0\},\{1\},\{2\},\{5\},\{4\},\{3,6,7\}$$

按顺序重新命名为 0、1、2、3、4、5,得到最简 DFA 如图 2-24 所示。

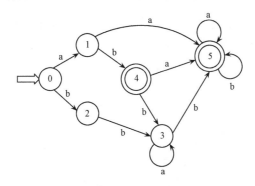

图 2-24　习题 2.9 的最简 DFA

2.10　有一台自动售货机,接收 1 分和 2 分硬币,出售 3 分钱一块的硬糖。顾
客每次向机器中投放≥3 分的硬币,便可得到一块糖(注意:只给一块并且不找
钱)。

(1) 写出售货机售糖的正规表达式；

(2) 构造识别上述正规式的最简 DFA。

【解答】　(1) 设 a＝1,b＝2,则售货机售糖的正规表达式为 a (b｜a(a｜b))｜b(a｜b)。

(2) 画出与正规表达式 a(b｜a(a｜b))｜b(a｜b)对应的 NFA,如图 2-25 所示。

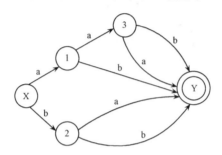

图 2-25　习题 2.10 的 NFA

用子集法将图 2-25 的 NFA 确定化,如图 2-26 所示。

I	I_a	I_b
{X}	{1}	{2}
{1}	{3}	{Y}
{2}	{Y}	{Y}
{3}	{Y}	{Y}
{Y}	—	—

重新命名

S	a	b
0	1	2
1	3	4
2	4	4
3	4	4
4	—	—

图 2-26　习题 2.10 的状态转换矩阵

由图 2-26 可看出,非终态 2 和非终态 3 面对输入符号 a 或 b 的下一状态相同,故合并为一个状态,即最简状态{0}、{1}、{2,3}、{4}。按顺序重新命名为 0、1、2、3,则得到最简 DFA,如图 2-27 所示。

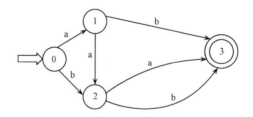

图 2-27　习题 2.10 的最简 DFA

第3章 语法分析

3.1 完成下列选择题:

(1) 文法 G[S]:S→xSx|y 所识别的语言是_____。

    a. xyx   b. (xyx)*

    c. $x^n y x^n (n \geqslant 0)$ d. $x^* y x^*$

(2) 如果文法 G[S]是无二义的,则它的任何句子 α _____。

    a. 最左推导和最右推导对应的语法树必定相同

    b. 最左推导和最右推导对应的语法树可能不同

    c. 最左推导和最右推导必定相同

    d. 可能存在两个不同的最左推导,但它们对应的语法树相同

(3) 采用自上而下分析,必须_____。

    a. 消除左递归   b. 消除右递归

    c. 消除回溯   d. 提取公共左因子

(4) 设 a、b、c 是文法的终结符,且满足优先关系 a⋛b 和 b⋛c,则_____。

    a. 必有 a⋛c   b. 必有 c⋛a

    c. 必有 b⋛a   d. a～c 都不一定成立

(5) 在规范归约中,用_____来刻画可归约串。

    a. 直接短语   b. 句柄

    c. 最左素短语   d. 素短语

(6) 若 a 为终结符,则 A→α·aβ 为_____项目。

    a. 归约   b. 移进

    c. 接受   d. 待约

(7) 若项目集 I_k 含有 A→α· ,则在状态 k 时,仅当面临的输入符号 a∈FOLLOW(A)时,才采取"A→α· "动作的一定是_____。

    a. LALR 文法   b. LR(0)文法

    c. LR(1)文法   d. SLR(1)文法

(8) 同心集合并有可能产生新的_____冲突。

    a. 归约   b. "移进""移进"

    c."移进""归约"   d. "归约""归约"

【解答】 (1) c   (2) a   (3) a   (4) d   (5) b   (6) b   (7) d

(8) d

3.2　令文法 G[N]为

$$G[N]: N \to D|ND$$
$$D \to 0|1|2|3|4|5|6|7|8|9$$

(1) G[N]的语言 L(G[N])是什么？

(2) 给出句子 0127、34 和 568 的最左推导和最右推导。

【解答】　(1) G[N]的语言 L(G[N])是非负整数。

(2) 最左推导：N⇒ND⇒NDD⇒NDDD⇒DDDD⇒0DDD⇒01DD⇒012D

⇒0127

　　　　　　N⇒ND⇒DD⇒3D⇒34

　　　　　　N⇒ND⇒NDD⇒DDD⇒5DD⇒56D⇒568

最右推导：N⇒ND⇒N7⇒ND7⇒N27⇒ND27⇒N127⇒D127⇒0127

　　　　　　N⇒ND⇒N4⇒D4⇒34

　　　　　　N⇒ND⇒N8⇒ND8⇒N68⇒D68⇒568

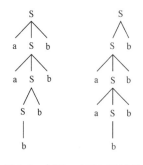

图 3-1　句子 aabbbb 对应的
两棵不同语法树

3.3　已知文法 G[S]为 S→aSb|Sb|b,试证明文法 G[S]为二义文法。

【解答】　由文法 G[S]：S→aSb|Sb|b,对句子 aabbbb 可对应如图 3-1 所示的两棵语法树。

因此,文法 G[S]为二义文法(对句子 abbb 也可画出两棵不同的语法树)。

3.4　已知文法 G[S]为 S→SaS|ε,试证明文法 G[S]为二义文法。

【解答】　由文法 G[S]：S→SaS|ε,句子 aa 的语法树如图 3-2 所示。

由图 3-2 可知,文法 G[S]为二义文法。

3.5　按指定类型,给出语言的文法：

(1) L＝{$a^i b^j$|j＞i≥0}的上下文无关文法。

(2) 字母表 Σ＝{a,b}上的同时只有奇数个 a 和奇数个 b 的所有串的集合的正规文法。

(3) 由相同个数 a 和 b 组成句子的无二义文法。

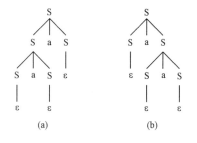

(a)　　　　　(b)

图 3-2　句子 aa 对应的两棵
不同的语法树

【解答】　(1) 由 L＝{$a^i b^j$|j＞i≥0}知,所求该语言对应的上下文无关文法首先应有S→aSb 型产生式,以保证 b 的个数不少于 a 的个数;其次,还需有 S→Sb 或 S→b 型的产生式,用以保证 b 的个数多于 a 的个数。因此,所求上下文无关文法 G[S]为

　　　　　　G[S]：S→aSb│Sb│b

　　（2）为了构造字母表 Σ＝{a，b}上同时只有奇数个 a 和奇数个 b 的所有串集合的正规式，我们画出如图 3-3 所示的 DFA，即由开始符 S 出发，经过奇数个 a 到达状态 A，或经过奇数个 b 到达状态 B；而由状态 A 出发，经过奇数个 b 到达状态 C(终态)；同样，由状态 B 出发经过奇数个 a 到达终态 C。

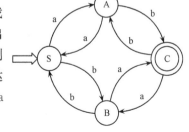

图 3-3　习题 3.5 的 DFA

　　由图 3-3 可直接得到正规文法 G[S]如下：

　　　　　G[S]：S→aA│bB

　　　　　　　　A→aS│bC│b

　　　　　　　　B→bS│aC│a

　　　　　　　　C→bA│aB│ε

　　（3）我们用一个非终结符 A 代表一个 a(即有 A→a)，用一个非终结符 B 代表一个 b(即有 B→b)；为了保证 a 和 b 的个数相同，则在出现一个 a 时应相应地出现一个 B，出现一个 b 时则相应地出现一个 A。假定已推导出 bA，如果下一步要推导出连续两个 b 时，则应有 bA⇒bbAA。也即为了保证 b 和 A 的个数一致，应有 A→bAA；同理有 B→aBB。此外，为了保证递归地推出所要求的 ab 串，应有 S→aBS 和 S→bAS。由此得到无二义文法 G[S]为

　　　　　　G[S]：S→aBS│bAS│ε

　　　　　　　　　A→bAA│a

　　　　　　　　　B→aBB│b

　　3.6　有文法 G[S]：S→aAcB│Bd

　　　　　　　　　　　A→AaB│c

　　　　　　　　　　　B→bScA│b

　　（1）试求句型 aAaBcbbdcc 和 aAcbBdcc 的句柄。

　　（2）写出句子 acabcbbdcc 的最左推导过程。

　　【解答】　（1）分别画出对应句型 aAaBcbbdcc 和 aAcbBdcc 的语法树如图 3-4 (a)、(b)所示。

　　对树(a)，直接短语有 3 个：AaB、b 和 c，而 AaB 为最左直接短语(即为句柄)。对树(b)，直接短语有两个：Bd 和 c，而 Bd 为最左直接短语。

　　能否不画出语法树，而直接由定义(即在句型中)寻找满足某个产生式的候选式这样一个最左子串(即句柄)呢？例如，对句型 aAaBcbbdcc，我们可以由左至右扫描找到第一个子串 AaB，它恰好是满足 A→AaB 右部的子串；与树(a)对照，AaB 的确是该句型的句柄。是否这一方法始终正确呢？我们继续检查句型 aAcbBdcc，

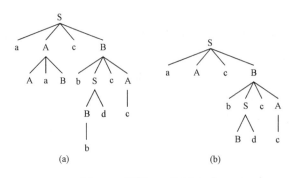

图 3-4　习题 3.6 的语法树

(a) aAaBcbbdcc；(b) aAcbBdcc

由左至右找到第一个子串 c,这是满足 A→C 右部的子串,但由树(b)可知,c 不是该句型的句柄。由此可知,画出对应句型的语法树然后寻找最左直接短语是确定句柄的好方法。

(2) 句子 acabcbbdcc 的最左推导如下:

S⇒aAcB⇒aAaBcB⇒acaBcB⇒acabcB⇒acabcbScA⇒acabcbBdcA
　⇒acabcbbdcA⇒acabcbbdcc

3.7　对于文法 G[S]：S→(L)|aS|a

　　　　　　　　L→L,S|S

(1) 画出句型(S,(a))的语法树。

(2) 写出上述句型的所有短语、直接短语、句柄、素短语和最左素短语。

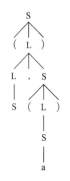

图 3-5　句型(S,(a))
的语法树

【解答】　(1) 句型(S,(a))的语法树如图 3-5 所示。

(2) 由图 3-5 可知:

短语：S、a、(a)、S,(a)、(S,(a))；

直接短语：a、S；

句柄：S；

素短语:素短语可由图 3-5 中相邻终结符之间的优先关系求得,即

$$♯ ⋖ (⋖ , ⋖ (⋖ ≪ a ≫ ⋗) ⋗) ⋗ ♯$$

因此,素短语为 a。

3.8　下述文法描述了 C 语言整数变量的声明语句:

　　　　G[D]：D→TL

　　　　　　　T→int|long|short

　　　　　　　L→id|L,id

(1) 改造上述文法,使其接受相同的输入序列,但文法是右递归的。

（2）分别用上述文法 G[D] 和改造后的文法 G′[D] 为输入序列 int a,b,c 构造分析树。

【解答】 （1）消除左递归后，文法 G′[D] 如下：

$$D{\to}TL$$
$$T{\to}int\,|\,long\,|\,short$$
$$L{\to}idL$$

（2）两种文法为 int a,b,c 构造的分析树如图 3-6 所示。

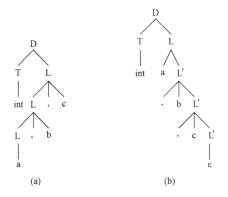

图 3-6　两种文法为 int a,b,c 构造的分析树

(a) 文法 G[D]；(b) 文法 G′[D]

3.9　考虑文法 G[S]：S→(T)|a+S|a

　　　　　　　T→T,S|S

消除文法的左递归及提取公共左因子，然后对每个非终结符写出不带回溯的递归子程序。

【解答】　消除文法 G[S] 的左递归：

$$S{\to}(T)\,|\,a{+}S\,|\,a$$
$$T{\to}ST'$$
$$T'{\to},ST'\,|\,\varepsilon$$

提取公共左因子：

$$S{\to}(T)\,|\,aS'$$
$$S'{\to}{+}S\,|\,\varepsilon$$
$$T{\to}ST'$$
$$T'{\to},ST'\,|\,\varepsilon$$

改造后的文法已经是 LL(1) 文法，不带回溯的递归子程序如下：

```
void match (token t)
{
    if (lookahead == t)
        lookahead = nexttoken;
    else error ();
}
void S ()
{
    if (lookahead == ´a´)
        {
            match (´a´);
            S´();
        }
    else if (lookahead == ´(´)
    {
        match (´(´);
        T ();
        if (lookahead == ´)´)
            match(´)´);
        else error();
    }
    else error();
}
void S´()
{
    if (lookahead == ´+´)
    {
        match (´+´);
        S ();
    }
}
void T ()
{
    S ();
    T´();
```

```
    }
    void T´ ()
    {
        if (lookahead == ´,´)
        {
            match (´,´);
            S ();
            T´ ();
        }
    }
```

3.10 已知文法 G[A]: A→aABl｜a

$$B→Bb｜d$$

(1) 试给出与 G[A]等价的 LL(1)文法 G′[A]。

(2) 构造 G′[A]的 LL(1)分析表。

(3) 给出输入串 aadl♯ 的分析过程。

【解答】 (1) 文法 G[A]存在左递归和回溯,故其不是 LL(1)文法。要将 G[A]改造为 LL(1)文法,首先要消除文法的左递归,即将形如 P→Pα｜β 的产生式改造为

$$P→βP′$$
$$P→αP′｜ε$$

来消除左递归。由此,将产生式 B→Bb｜d 改造为

$$B→dB′$$
$$B′→bB′｜ε$$

其次,应通过提取公共左因子的方法来消除 G[A]中的回溯,即将产生式 A→aABl｜a 改造为

$$A→aA′$$
$$A′→ABl｜ε$$

最后得到改造后的文法为

$$G′[A]:A→aA′$$
$$A′→ABl｜ε$$
$$B→dB′$$
$$B′→bB′｜ε$$

求得:

FIRST(A)＝{a}	FIRST(A′)＝{a, ε}
FIRST(B)＝{d}	FIRST(B′)＝{b, ε}

对文法开始符号 A,有 FOLLOW(A)={#}。

由 A'→ABl 得 FIRST(B)\{ε}⊂FOLLOW(A),即 FOLLOW(A)={#,d};

由 A'→ABl 得 FIRST('l')⊂FOLLOW(B),即 FOLLOW(B)={l};

由 A→aA' 得 FOLLOW(A)⊂FOLLOW(A'),即 FOLLOW(A')={#,d};

由 B→dB' 得 FOLLOW(B)⊂FOLLOW(B'),即 FOLLOW(B')={l}。

对 A'→ABl 来说,FIRST(A)∩FOLLOW(A')={a}∩{#,d}=Φ,所以文法 G'[A]为所求等价的 LL(1)文法。

(2) 构造预测分析表的方法如下:

① 对文法 G'[A]的每个产生式 A→α 执行②、③步。

② 对每个终结符 a∈FIRST(A),把 A→α 加入到 M[A,a]中,其中 α 为含有首字符 a 的候选式或为唯一的候选式。

③ 若 ε∈FIRST(A),则对任何属于 FOLLOW(A)的终结符 b,将 A→ε 加入到 M[A,b]中。把所有无定义的 M[A,a]标记上“出错”。

由此得到 G'[A]的预测分析表,见表 3-1。

表 3-1　预测分析表

	a	b	l	d	#
A	A→aA'				
A'	A'→ABl			A'→ε	A'→ε
B				B→dB'	
B'		B'→bB'	B'→ε		

(3) 输入串 aadl# 的分析过程见表 3-2。

表 3-2　输入串 aadl# 的分析过程

符号栈	当前输入符号	输入串	说　　明
#A	a	adl#	弹出栈顶符号 A 并将 A→aA'产生式右部反序压栈
#A'a	a	adl#	匹配,弹出栈顶符号 a 并读出下一个输入符号 a
#A'	a	dl#	弹出栈顶符号 A'并将 A'→ABl 产生式右部反序压栈
#lBA	a	dl#	弹出栈顶符号 A 并将 A→aA'产生式右部反序压栈
#lBA'a	a	dl#	匹配,弹出栈顶符号 a 并读出下一个输入符号 d
#lBA'	d	l#	由 A'→ε 仅弹出栈顶符号 A'
#lB	d	l#	弹出栈顶符号 B 并将 B→dB'产生式右部反序压栈
#lB'd	d	l#	匹配,弹出栈顶符号 d 并读出下一个输入符号 l
#lB'	l	#	由 B'→ε 仅弹出栈顶符号 B'
#l	l	#	匹配,弹出栈顶符号 l 并读出下一个输入符号 #
#	#		匹配,分析成功

3.11 将下述文法改造为 LL(1)文法：

$$G[V]: V \rightarrow N \mid N[E]$$
$$E \rightarrow V \mid V + E$$
$$N \rightarrow i$$

【解答】 LL(1)文法的基本条件是不含左递归和回溯(公共左因子)，而文法 G[V]中含有回溯，所以先消除回溯，得到文法 G'[V]：

$$G'[V]: V \rightarrow NV'$$
$$V' \rightarrow \varepsilon \mid [E]$$
$$E \rightarrow VE'$$
$$E' \rightarrow \varepsilon \mid +E$$
$$N \rightarrow i$$

一个 LL(1)文法的充要条件是：对每一个终结符 A 的任何两个不同产生式 A→α|β 有下面的条件成立：

(1) FIRST(α)∩FIRST(β)=Φ；

(2) 假若 βε，则有 FIRST(α)∩FOLLOW(A)= Φ。

即求出 G[V']的 FIRSTVT 和 LASTVT 集如下：

$$FIRST(N) = FIRST(V) = FIRST(E) = \{i\}$$
$$FIRST(V') = \{[, \varepsilon\}$$
$$FIRST(E') = \{+, \varepsilon\}$$
$$FOLLOW(V) = \{\#\}$$

由 V'→…E]得 FIRST(')')⊂FOLLOW(E)，即 FOLLOW(E)={]}；

由 V→NV'得 FIRST(V')\{ε}⊂FOLLOW(N)，即 FOLLOW(N)={[}；

由 E→VE'得 FIRST(E')\{ε}⊂FOLLOW(V)，即 FOLLOW(V)={#,+}；

由 V→NV'得 FOLLOW(V)⊂FOLLOW(V')，即 FOLLOW(V')={#,+}；

由 V→NV'，且 V'→ε 得 FOLLOW(V)⊂FOLLOW(N)，即 FOLLOW(N)= {[,#,+}；

由 E→VE'得 FOLLOW(E)⊂FOLLOW(E')，即 FOLLOW(E')={]}；

则对 V'→ε|[E]有：FIRST(ε)∩FIRST('[')= Φ；

对 E'→ε| +E 有：FIRST(ε)∩FIRST('+')= Φ；

对 V'→ε| [E]有： FIRST('[')∩FOLLOW(V')={[]}∩{#,+}=Φ；

对 E'→ε| +E 有： FIRST('+')∩FOLLOW(E')={+}∩{]}=Φ。

故文法 G[V']为 LL(1)文法。

3.12 对文法 G[E]：E→E+T|T

$$T \rightarrow T * P \mid P$$
$$P \rightarrow i$$

（1）构造该文法的优先关系表（不考虑语句括号♯），并指出此文法是否为算符优先文法。

（2）构造文法 G 的优先函数。

【解答】　FIRSTVT 集构造方法：

① 由 P→a··· 或 P→Qa···，则 a∈FIRSTVT(P)。

② 若 a∈FIRSTVT(Q)，且 P→Q···，则 a∈FIRSTVT(P)，也即 FIRSTVT(Q)⊂FIRSTVT(P)。

由①得：由 E→E+··· 得 FIRSTVT(E)＝{＋}；

　　　　由 T→T * ··· 得 FIRSTVT(T)＝{ * }；

　　　　由 P→i 得 FIRSTVT(P)＝{i}。

由②得：由 T→P 得 FIRSTVT(P)⊂FIRSTVT(T)，即 FIRSTVT(T)＝{ * ,i}；

　　　　由 E→T 得 FIRSTVT(T)⊂FIRSTVT(E)，即 FIRSTVT(T)＝{＋, * ,i}。

LASTVT 集构造方法：

① 由 P→···a 或 P→···aQ，则 a∈LASTVT(P)。

② 若 a∈LASTVT(Q)，且 P→···Q，则 a∈LASTVT(P)，也即 LASTVT(Q)⊂LASTVT(P)。

由①得：E→···＋T，得 LASTVT(E)＝{＋}；

　　　　T→··· * P，得 LASTVT(T)＝{ * }；

　　　　P→i，得 LASTVT(P)＝{i}。

由②得：由 T→P 得 LASTVT(P)⊂LASTVT(T)，即 LASTVT(T)＝{ * ,i}；

　　　　由 E→T 得 LASTVT(T)⊂LASTVT(E)，即 LASTVT(E)＝{＋, * ,i}。

优先关系表构造方法：

① 对 P→···ab··· 或 P→···aQb···，有 a≐b；

② 对 P→···aR··· 而 b∈FIRSTVT(R)，有 a⋖b；

③ 对 P→···Rb··· 而 a∈LASTVT(R)，有 a⋗b。

解之无①。

由②得：E→···＋T，即 ＋⋖FIRSTVT(T)，有 ＋⋖ * ，＋⋖i；

　　　　T→··· * P，即 * ⋖FIRSTVT(P)，有 * ⋖i。

由③得：E→E+···，即 LASTVT(E)⋗＋，有 ＋⋗＋, * ⋗＋,i⋗＋；

　　　　T→T * ···，即 LASTVT(T)⋗ * ，有 * ⋗ * ,i⋗ * 。

得到优先关系表如表 3-3 所示。

表 3-3　习题 3.12 的优先关系表

	＋	*	i
＋	⋗	⋖	⋖
*	⋗	⋗	⋖
i	⋗	⋗	

由于该文法的任何产生式的右部都不含两个相继并列的非终结符,故属算符文法,且该文法中的任何终结符对(见优先关系表)至多满足三、<和>三种关系之一,因而是算符优先文法。

用关系图构造优先函数的方法是:对所有终结符 a 用有下脚标的 f_a、g_a 为结点名画出全部终结符所对应的结点。若存在优先关系 a>b 或 a三b,则画一条从 f_a 到 g_a 的有向弧;若 a<b 或 a三b,则画一条从 g_b 到 f_a 的有向弧。最后,对每个结点都赋一个数,此数等于从该结点出发所能到达的结点(包括出发结点)的个数,赋给 f_a 的数作为 $f(a)$,赋给 g_b 的数作为 $g(b)$。用关系图法构造本题的优先函数,如图 3-7 所示。

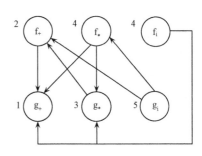

图 3-7 习题 3.12 关系图构造

得到优先函数如表 3-4 所示。

该优先函数表经检查与优先关系表没有矛盾,故为所求优先函数。

也可由定义直接构造优先函数,其方法是:对每个终结符 a,令 $f(a)=g(a)=1$;如果 a>b,而

表 3-4 习题 3.12 的优先函数表

	+	*	i
f	2	4	4
g	1	3	5

$f(a) \leqslant g(b)$,则令 $f(a)=g(b)+1$;如果 a<b,而 $f(a) \geqslant g(b)$,则令 $g(b)=f(a)+1$;如果 a三b,而 $f(a) \neq g(b)$,则令 $\min\{f(a),g(b)\}=\max\{f(a),g(b)\}$。重复上述过程,直到每个终结符的函数值不再变化为止。如果有一个函数值大于 2n(n 为终结符个数),则不存在优先函数。

优先函数的计算过程如表 3-5 所示。

表 3-5 优先函数的计算过程表

迭代次数	函数	+	*	i
0(初值)	f	1	1	1
	g	1	1	1
1	f	2	4	4
	g	1	3	5
2	f	2	4	4
	g	1	3	5

计算最终收敛,并且计算得出的优先函数与关系图构造得出的优先函数是一样的。

3.13 设有文法 G[S]:S→a|b|(A)

$$A \rightarrow SdA \mid S$$

（1）构造算符优先关系表。

（2）给出句型（SdSdS）的短语、简单短语、句柄、素短语和最左素短语。

（3）给出输入串（adb）♯的分析过程。

【解答】　（1）先求文法 G[S] 的 FIRSTVT 集和 LASTVT 集：

由 S→a|b|(A)得 FIRSTVT(S)={a, b, (}；

由 A→Sd…得 FIRSTVT(A)={d}，又由 A→S…得 FIRSTVT(S)⊂FIRSTVT(A)，即 FIRSTVT(A)={d, a, b, (}；

由 S→a|b|(A)得 LASTVT(S) ={a, b,)}；

由 A→…dA 得 LASTVT(A)={d}，又由 A→S 得 LASTVT(S)⊂LASTVT(A)，即 LASTVT(A)={d, a, b,)}。

构造优先关系表方法如下：

① 对 P→…ab…或 P→…aQb…，有 a≐b；

② 对 P→…aR…而 b∈FIRSTVT(R)，有 a⋖b；

③ 对 P→…Rb…而 a∈FIRSTVT(R)，有 a⋗b。

由此得到：

① 由 S→(A)得(≐)；

② 由 S→(A…得(⋖FIRSTVT(A)，即(⋖d，(⋖a，(⋖b，(⋖(；

　　由 A→…dA 得 d⋖FIRSTVT(A)，即 d⋖d，d⋖a，d⋖b，d⋖(；

③ 由 S→…A)得 LASTVT(A)⋗)，即 d⋗)，a⋗)，b⋗)，)⋗)；

　　由 A→Sd…得 LASTVT(S)⋗d，即 a⋗d，b⋗d，)⋗d；

此外，由 ♯S♯ 得 ♯≐♯；

由 ♯⋖FIRSTVT(S)得 ♯⋖a，♯⋖b，♯⋖(；

由 LASTVT(S)⋗♯ 得 a⋗♯，b⋗♯，)⋗♯。

最后得到算符优先关系表，如表 3-6 所示。

表 3-6　习题 3.13 的算符优先关系表

	a	b	(	)	d	♯
a				⋗	⋗	⋗
b				⋗	⋗	⋗
(	⋖	⋖	⋖	≐	⋖	
)				⋗	⋗	⋗
d	⋖	⋖	⋖	⋗	⋖	
♯	⋖	⋖	⋖			≐

由表 3-6 可以看出，任何两个终结符之间至多只满足≐、⋖、⋗三种优先关系之

一,故 G[S]为算符优先文法。

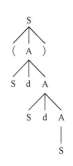

图 3-8　句型(SdSdS)
的语法树

(2) 为求出句型(SdSdS)的短语、简单短语、句柄,我们先画出该句型对应的语法树,如图 3-8 所示。

由图 3-8 得到:

短语: S,SdS,SdSdS,(SdSdS);

简单短语(即直接短语): S;

句柄(即最左直接短语): S。

可以通过分析图 3-8 的语法树来求素短语和最左素短语,即找出语法树中的所有相邻终结符(中间可有一个非终结符)之间的优先关系。确定优先关系的原则是:

① 同层的优先关系为≐;

② 不同层时,层次离树根远者优先级高,层次离树根近者优先级低(恰好验证了优先关系表的构造算法);

③ 在句型 ω 两侧加上语句括号"♯",即♯ω♯,则有♯<ω 和 ω>♯,由此我们得到句型(SdSdS)的优先关系如图 3-9 所示。

注意,句型中的素短语具有如下形式:

$$a_{j-1} \lessdot \underbrace{a_j \doteq a_{j+1} \doteq \cdots \doteq a_i}_{\text{素短语}} \gtrdot a_{i+1}$$

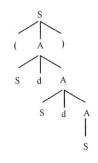

♯<((<d<d>)>)>♯

图 3-9　句型(SdSdS)
的优先关系

而最左素短语就是该句型中所找到的最左边的那个素短语,即最左素短语必须具备三个条件:

① 至少包含一个终结符(是否包含非终结符则按短语的要求确定);

② 除自身外不得包含其他素短语(最小性);

③ 在句型中具有最左性。

因此,由图 3-9 得到 SdS 为句型(SdSdS)的素短语,它同时也是该句型的最左素短语。

(3) 输入串(adb)♯的分析过程如表 3-7 所示。

表 3-7　输入串(adb)♯的分析过程

符号栈	输入串	说　明
♯	(adb)♯	移进
♯(	adb)♯	移进
♯(a	db)♯	用 S→a 归约
♯(S	db)♯	移进
♯(Sd	b)♯	移进

续表

符号栈	输入串	说　明
♯(Sdb	)♯	用 S→b 归约
♯(SdS	)♯	用 A→SdA 归约
♯(A	)♯	移进
♯(A)	♯	用 S→(A)归约
♯S	♯	分析成功

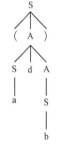

图 3-10 （adb）
的语法树

为便于分析,同时给出了（adb）♯ 的语法树,如图 3-10 所示。

3.14　在算符优先分析法中,为什么要在找到最左素短语的尾时才返回来确定其对应的头？能否按扫描顺序先找到头后再找到对应的尾,为什么？

【解答】　设句型的一般形式为 $N_1 a_1 N_2 a_2 \cdots N_n a_n N_{n+1}$。其中,每个 a_i 都是终结符,而 N_i 则是可有可无的非终结符。对上述句型可以找出该句型中的所有素短语,每个素短语都具有如下形式:

$$\cdots a_{j-1} \underbrace{< a_j \doteq a_{j+1} \doteq \cdots \doteq a_i} > a_{i+1} \cdots$$
素短语

如果某句型得到的优先关系如下：

$$\cdots < \cdots < \cdots \underbrace{\doteq \cdots} > \cdots >$$
素短语

则当从左至右扫描到第一个"＞"时,再由此从右至左扫描到第一个遇到的"＜"时,它们之间（当然不包含这个"＜"前面的一个终结符和这个"＞"后面的终结符）即为最左素短语。

如果由左至右扫描到第一个"＜",可以看出这并不一定是最左素短语的开头,因为由它开始并不一定是素短语（在其内部还可能包含其他更小的素短语）,所以,在算符优先分析算法中,只有先找到最左素短语的尾（即"＞"）,才返回来确定与其对应的头（即"＜"）;而不能按扫描顺序先找到头然后再找到对应的尾。

3.15　试证明在算符文法中,任何句型都不包含两个相邻的非终结符。

【解答】　设文法 $G=(V_T, V_N, S, \xi)$,其中 V_T 是终结符集;V_N 是非终结符集;ξ 为产生式集合;S 是开始符号。

对句型的推导长度 n 作如下归纳:

（1）当 n=1 时,S⇒α,则存在一条产生式 S→α 属于 ε,其中 a∈$(V_T \cup V_N)^*$。由于文法是算符文法,所以 α 中没有两个相邻非终结符,故归纳初始成立。

（2）设 n＝k 时结论成立,则对任何 k＋1 步推导所产生的句型必为

$$S\alpha \cup \beta \Rightarrow \alpha \vee \beta$$

其中,α、$\beta \in (V_T \cup V_N)^*$,$U \in V_N$,而 $U \rightarrow V$ 是一条产生式。

由归纳假设,U 是非终结符,设 $\alpha = \alpha_1 \alpha_2 \cdots \alpha_n$,$\beta = \beta_1 \beta_2 \cdots \beta_m$,其中 α_i、$\beta_j \in (V_T \cup V_N)$ $(1 \leqslant i \leqslant n-1, 2 \leqslant j \leqslant m)$;但 α_n 和 β_m 必为位于 U 两侧的终结符。

设 $V = V_1 V_2 \cdots V_r$,由于它是算符文法的一个产生式右部候选式,因此 $V_1 V_2 \cdots V_r$ 中不会有相邻的非终结符出现。又因为 $\alpha_n V_1$ 和 $V_r \beta_1$ 中的 α_n、β_1 为终结符,也即在推导长度为 k＋1 时所产生的句型 $\alpha_1 \alpha_2 \cdots \alpha_n V_1 V_2 \cdots V_r \beta_1 \beta_2 \cdots \beta_m$ 不会出现相邻的非终结符,故 n＝k＋1 时结论成立。显然,在 α 或 β 为空时结论也成立。

3.16　给出文法 G[S]：S→aSb | P

　　　　　　　　　P→bPc | bQc

　　　　　　　　　Q→Qa | a

（1）它是 Chomsky 哪一型文法?

（2）它生成的语言是什么?

（3）它是不是算符优先文法? 请构造算符优先关系表并证实之。

（4）文法 G[S]消除左递归、提取公共左因子后是不是 LL(1)文法? 请证实。

【解答】　（1）根据 Chomsky 的定义,对任何形如 A→β 的产生式,有 $A \in V_N$,$\beta \in (V_T \cup V_N)^*$ 时为 2 型文法。而文法 G[S]恰好满足这一要求,故为 Chomsky 2 型文法。

（2）由文法 G[S]可以看出:S 推出串的形式是 $a^i P b^i (i \geqslant 0)$,P 推出串的形式是 $b^j Q c^j (j \geqslant 1)$,Q 推出串的形式是 $a^k (k \geqslant 1)$。因此,文法 G[S]生成的语言是 L＝$\{a^i b^j a^k c^j b^i | i \geqslant 0, j \geqslant 1, k \geqslant 1\}$。

（3）求出文法 G[S]的 FIRSTVT 集和 LASTVT 集:

FIRSTVT(S)＝{a,b}　　　FIRSTVT(P)＝{b}　　　FIRSTVT(Q)＝{a}

LASTVT(S)＝{b,c}　　　LASTVT(P)＝{c}　　　LASTVT(Q)＝{a}

构造优先关系表如表 3-8 所示。

由于在优先关系中同时出现了 a⋖a 和 a⋗a 以及 b⋖b 和 b⋗b,故文法 G[S]不是算符优先文法。

（4）消除文法 G[S]的左递归:

　　　　　　　　　S→aSb | P

　　　　　　　　　P→bPc | bQc

　　　　　　　　　Q→aQ′

　　　　　　　　　Q′→aQ′ | ε

提取公共左因子后得到文法 G′[S]:

表 3-8　优先关系表

	a	b	c
a	⋖⋗	⋖	⋗
b		⋖⋗	
c		⋗	⋗

$$S \rightarrow aSb \mid P$$
$$P \rightarrow bP'$$
$$P' \rightarrow Pc \mid Qc$$
$$Q \rightarrow aQ'$$
$$Q' \rightarrow aQ' \mid \varepsilon$$

求每个非终结符的 FIRST 集和 FOLLOW 集如下：

$FIRST(S) = \{a, b\}$	$FIRST(P) = \{b\}$
$FIRST(P') = \{a, b\}$	$FIRST(Q) = \{a\}$
$FIRST(Q') = \{a, \varepsilon\}$	
$FOLLOW(S) = \{b, \sharp\}$	$FOLLOW(P) = \{b, c, \sharp\}$
$FOLLOW(P') = \{b, c, \sharp\}$	$FOLLOW(Q) = \{c\}$
$FOLLOW(Q') = \{c\}$	

通过检查 $G'[S]$ 可以得到：

① 每一个非终结符的所有候选式首符集两两不相交；

② 存在形如 $A \rightarrow \varepsilon$ 的产生式 $Q' \rightarrow aQ' \mid \varepsilon$，但有

$$FIRST(aQ') \bigcap FOLLOW(Q') = \{a\} \bigcap \{c\} = \Phi$$

所以文法 $G'[S]$ 是 LL(1) 文法。

3.17　LR 分析器与优先关系分析器在识别句柄时的主要异同是什么？

【解答】　如果 $S \Rightarrow aA\delta$ 且有 $A \Rightarrow \beta$，则称 β 是句型 $\alpha\beta\delta$ 相对于非终结符 A 的短语。特别地，如果有 $A \Rightarrow \beta$，则称 β 是句型 $\alpha\beta\delta$ 相对于规则 $A \rightarrow \beta$ 的直接短语。一个句型的最左直接短语称为该句型的句柄。规范归约是关于 α 的一个最右推导的逆过程，因此，规范归约也称最左归约。请注意句柄的"最左"特征。

LR 分析器用规范归约的方法寻找句柄，其基本思想是：在规范归约的过程中，一方面记住已经归约的字符串，即记住"历史"；另一方面根据所用的产生式推测未来可能碰到的输入字符串，即对未来进行"展望"。当一串貌似句柄的符号串呈现于栈顶时，则可根据历史、展望以及现实的输入符号等三方面的材料，来确定栈顶符号串是否构成相对某一产生式的句柄。事实上，规范归约的中心问题恰恰是如何寻找或确定一个句型的句柄。给出了寻找句柄的不同算法也就给出了不同的规范归约方法，如 LR(0)、SLR(1)、LR(1) 以及 LALR 就是在归约方法上进行区别的。

算符优先分析不是规范归约，因为它只考虑了终结符之间的优先关系，而没有考虑非终结符之间的优先关系。此外，算符优先分析比规范归约要快得多，因为算符优先分析跳过了所有单非产生式所对应的归约步骤。这既是算符优先分析的优点，同时也是它的缺点，因为忽略非终结符在归约过程中的作用存在某种危险性，可能导致把本来不成句子的输入串误认为是句子，但这种缺陷容易从技术上加以

弥补。为了区别于规范归约,算符优先分析中的"句柄"被称为最左素短语。

3.18　什么是规范句型的活前缀?引进它的意义何在?

【解答】　在讨论 LR 分析器时,需要定义一个重要概念,这就是文法的规范句型的"活前缀"。

字的前缀是指该字的任意首部,例如,字 abc 的前缀有 ε、a、ab 或 abc。所谓活前缀,是指规范句型的一个前缀,这种前缀不含句柄之后的任何符号。之所以称为活前缀,是因为在其右边增添一些终结符号后,就可以使它成为一个规范句型。

引入活前缀的意义在于它是构造 LR(0)项目集规范族时必须用到的一个重要概念。

对于一个文法 G,首先要构造一个 NFA,它能识别 G 的所有活前缀,这个 NFA 的每个状态即为一个"项目"。文法 G 每一个产生式的右部添加一个圆点称为 G 的一个 LR(0)项目(简称项目),可以使用这些项目状态构造一个 NFA。我们能够把识别活前缀的 NFA 确定化,使之成为一个以项目集为状态的 DFA,这个 DFA 就是建立 LR 分析算法的基础。构成识别一个文法活前缀的 DFA 项目集(状态)的全体称为这个文法的 LR(0)项目集归范族。

3.19　试构造下述文法的 SLR(1)分析表。

$$G[S]: S \rightarrow bASB \mid bA$$
$$A \rightarrow dSa \mid e$$
$$B \rightarrow cAa \mid c$$

【解答】　首先将文法 G[S]拓广为 G[S']:

$$G[S']: (0)\ S' \rightarrow S$$
$$(1)\ S \rightarrow bASB$$
$$(2)\ S \rightarrow bA$$
$$(3)\ A \rightarrow dSa$$
$$(4)\ A \rightarrow e$$
$$(5)\ B \rightarrow cAa$$
$$(6)\ B \rightarrow c$$

构造文法 G[S']的 LR(0)项目集规范族如下:

$I_0: S' \rightarrow \cdot S$　　　　　　$I_5: A \rightarrow e \cdot$

　　$S \rightarrow \cdot bASB$　　　　$I_6: S \rightarrow bAS \cdot B$

　　$S \rightarrow \cdot bA$　　　　　　$B \rightarrow \cdot cAa$

$I_1: S' \rightarrow S \cdot$　　　　　　$B \rightarrow \cdot c$

$I_2: S \rightarrow b \cdot ASB$　　　$I_7: A \rightarrow dS \cdot a$

　　$S \rightarrow b \cdot A$　　　　　$I_8: S \rightarrow bASB \cdot$

　　$A \rightarrow \cdot dSa$　　　　　$I_9: B \rightarrow c \cdot Aa$

$$A \to \cdot e \qquad\qquad B \to c \cdot$$
$$I_3: S \to bA \cdot SB \qquad A \to \cdot dSa$$
$$S \to bA \cdot \qquad\qquad A \to \cdot e$$
$$S \to \cdot bASB \qquad I_{10}: A \to dSa \cdot$$
$$S \to \cdot bA \qquad\qquad I_{11}: B \to cA \cdot a$$
$$I_4: A \to d \cdot Sa \qquad I_{12}: B \to cAa \cdot$$
$$S \to \cdot bASB$$
$$S \to \cdot bA$$

文法 G[S′]的 DFA 如图 3-11 所示。

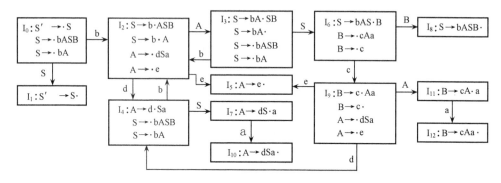

图 3-11　文法 G[S′]的 DFA

注意,在比较熟练的情况下,也可以不构造 LR(0)项目集规范族而直接画出文法 G[S′]的 DFA。

由于 I_3 和 I_9 既含有移进项目又含有归约项目,故文法 G[S]不是 LR(0)文法。我们构造文法 G[S′]的 FOLLOW 集如下:

(1) FOLLOW(S′)={♯};

(2) 由 S→…AS…得 FIRST(S)\{ε}⊂FOLLOW(A),即 FOLLOW(A)={b};

　　由 S→…SB 得 FIRST(B)\{ε}⊂FOLLOW(S),即 FOLLOW(S)={c};

　　由 A→…Sa 得 FIRST('a')\{ε}⊂FOLLOW(S),即 FOLLOW(S)={a,c};

(3) 由 S′→S 得 FOLLOW(S′)⊂FOLLOW(S),即 FOLLOW(S)={a,c,♯};

　　由 S→…B 得 FOLLOW(S)⊂FOLLOW(B),即 FOLLOW(B)={a,c,♯};

　　由 S→…A 得 FOLLOW(S)⊂FOLLOW(A),即 FOLLOW(A)={a,b,c,♯};

对 I_3 有: {b}∩FOLLOW(S)={b}∩{a,c,♯}=Φ

对 I_9 有: {d,e}∩FOLLOW(B)={d,e}∩{a,c,♯}=Φ

故文法 G[S]是 SLR(1)文法。最后得到 SLR(1)分析表如表 3-9 所示。

表 3-9　SLR(1)分析表

状态	ACTION						GOTO		
	a	b	c	d	e	#	S	A	B
0		s_2					1		
1						acc			
2				s_4	s_5			3	
3	r_2	s_2	r_2			r_2	6		
4		s_2					7		
5	r_4	r_4	r_4			r_4			
6		s_9							8
7	s_{10}								
8	r_1		r_1			r_1			
9	r_6		r_6	s_4	s_5	r_6		11	
10	r_3	r_3	r_3			r_3			
11	s_{12}								
12	r_5		r_5			r_5			

3.20　试构造下述文法的 SLR(1)分析表：

$$G[E]:\ E \to E+T \mid T$$
$$T \to (E) \mid a$$

【解答】　首先将文法 G[E]拓广为 G[E′]：

$$G[E']:\ (0)\ E' \to E$$
$$(1)E \to E+T$$
$$(2)E \to T$$
$$(3)T \to (E)$$
$$(4)T \to a$$

构造文法 G[E′]的 LR(0)项目集规范族如下：

$I_0 : E' \to \cdot E$ 　　　　$I_4 : T \to a \cdot$

　　$E \to \cdot E+T$ 　　　　$I_5 : E \to E+ \cdot T$

　　$E \to \cdot T$ 　　　　　　$T \to \cdot (E)$

　　$T \to \cdot (E)$ 　　　　　$T \to \cdot a$

　　$T \to \cdot a$ 　　　　$I_6 : T \to (E \cdot)$

$I_1 : E' \to E \cdot$ 　　　　　$E \to E \cdot +T$

　　$E \to E \cdot +T$ 　　$I_7 : E \to E+T \cdot$

$I_2 : E \to T \cdot$ 　　　　$I_8 : T \to (E) \cdot$

$I_3 : T \to (\cdot E)$

　　$E \to \cdot E+T$

E→ • T

T→ • (E)

T→ • a

文法 G[E′]的 DFA 如图 3-12 所示。

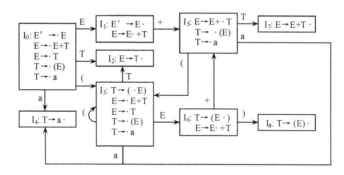

图 3-12　文法 G[E′]的 DFA

构造 SLR(1)分析表必须先求出所有形如"A→α•"的 FOLLOW(A)，即由 FOLLOW 集的构造方法求得 G[E′]的 FOLLOW 集如下：

(1) FOLLOW(E′)={♯}；

(2) 由 E→E+…得 FIRST('+')⊆FOLLOW(E)，即 FOLLOW(E)={+}；

　　 由 T→…E)得 FIRST(')')⊆FOLLOW(E)，即 FOLLOW(E)={+,)}；

(3) 由 E′→E 得 FOLLOW(E′)⊆FOLLOW(E)，即 FOLLOW(E)={+,), ♯}；

　　 由 E→T 得 FOLLOW(E)⊆FOLLOW(T)，即 FOLLOW(T)={+,), ♯}；

最后得到 SLR(1)分析表如表 3-10 所示。

表 3-10　习题 3.20 的 SLR(1)分析表

状态	ACTION					GOTO	
	a	+	(	)	♯	E	T
0	s4		s3			1	2
1		s5			acc		
2		r2		r2	r2		
3	s4		s3			6	2
4		r4		r4	r4		
5	s4		s3				7
6		s5		s8			
7		r1		r1	r1		
8		r3		r3	r3		

3.21　LR(0)、SLR(1)、LR(1)及 LALR 有何共同特征？它们的本质区别是什么？

【解答】　LR(0)、SLR(1)、LR(1)及 LALR 的共同特征是都用规范归约的方法寻找句柄,即 LR 分析器的每一步工作都是由栈顶状态和现行输入符号所唯一决定的。它们的本质区别是寻找句柄的方法不同。如果当前的栈顶状态为归约状态(即有形如 A→α・的项目属于栈顶状态),则:

(1) 对 LR(0)来说,无论现行输入符号是什么,都认为栈顶的符号串为句柄而进行归约。

(2) 对 SLR(1)来说,对现行输入符号加了一点限制,即该输入符号必须属于允许跟在句柄之后的字符范围内,才认为栈顶的符号串为句柄而进行归约。

(3) 对 LR(1)来说,对现行输入符号的限制更加严格,它在该输入符号跟在栈顶符号串后形成一个规范句型的前缀时,才认为栈顶的这个符号串为句柄,从而进行归约。由于要对不同的输入符号进行判断,因此 LR(1)的状态数要比 LR(0)、SLR(1)多。

(4) LALR 从本质上讲与 LR(1)相同,只不过它把那些栈顶符号串相同但现行输入符号不同(即认为这个相同的栈顶符号串为同心)的判断合一(使状态数又减少到与 LR(0)、SLR(1)一样),只有输入符号跟在栈顶符号串后面形成一规范句型前缀时,才认为栈顶的这个符号串为句柄而进行归约。

对于同心的栈顶符号串而言,由于面对不同的输入符号将形成不同规范句型的前缀,这就给归约带来一些困难。也即,当输入串有误时,LR(1)能够及时地发现错误,而 LALR 则可能还继续执行一些多余的归约动作,但决不会执行新的移进,即 LALR 能够像 LR(1)一样准确地指出出错的地点。此外,LALR 这种同心集的合并有可能带来新的"归约"/"归约"冲突。

3.22　请指出图 3-13 中的 LR 分析表(a)、(b)、(c)分属 LR(0)、SLR(1)和 LR(1)中的哪一种,并说明理由。

状态	ACTION		GOTO	
	b	♯	S	B
0	s₃		1	2
1		acc		
2	s₄			5
3	r₂			
4		r₂		
5		r₁		

(a)

状态	ACTION			GOTO
	a	b	♯	T
0	s₂	s₃		1
1			acc	g
2	s₂	s₃		
3	r₂	r₂	r₂	
4	r₁	r₁	r₁	

(b)

状态	ACTION			GOTO
	i	k	♯	P
0	s₂	s₃		2
1	s₁	s₃		
2			acc	
3			r₂	
4			r₁	

(c)

图 3-13　LR 分析表

【解答】　我们知道,LR(0)、SLR(1)和 LR(1)分析表构造的主要差别是构造算法(2)。其区别如下：

(1) 对 LR(0)分析表来说,若项目 A→α·属于 I_k(状态),则对任何终结符 a (或结束符♯),置 ACTION[k,a]为"用产生式 A→α 进行归约(A→α 为第 j 个产生式)",简记为"r_j"。表现在 ACTION 子表中,则是每个归约状态所在的行全部填满"r_j";并且,同一行的"r_j"其下标 j 相同,而不同行的"r_j"其下标 j 是不一样的。

(2) 对 SLR(1)分析表来说,若项目 A→α·属于 I_k,则对任何输入符号 a,仅当 a∈FOLLOW(A)时置 ACTION[k,a]为"用产生式 A→α 进行归约(A→α 为第 j 个产生式)",简记为"r_j"。表现在 ACTION 子表中,则存在某个归约状态所在的行并不全部填满 r_j,并且不同行的"r_j"其下标 j 不同。

(3) 对 LR(1)来说,若项目[A→α·,a]属于 I_k(状态),则置 ACTION[k,a]为"用产生式 A→α 进行归约",简记为"r_j"。LR(1)是在 SLR(1)状态(项目集)的基础上,通过状态分裂的办法(即分裂成更多的项目集),使得 LR 分析器的每个状态能够确切地指出当 α 后跟哪些终结符时才容许把 α 归约为 A。例如,假定[A→α·,a]属于 I_k(状态),则置 ACTION[k,a]栏目为 r_j(A→α 为第 j 个产生式);而[A→α·,b]属于 I_m(状态),则同样置 ACTION[m,b]栏目为 r_j。表现在 ACTION 子表中,则在不同行(即不同的状态)里有相同的 r_j 存在。

因此,图 3-13(a)的分析表为 LR(1)分析表(在不同行有相同的 r_2 存在); 图 3-13(b)为 LR(0)分析表(有 r_j 的行是每行都填满了 r_j 且同一行 r_j 的 j 相同,不同行 r_j 的 j 不同);而图 3-13(c)为 LR(0)分析表(存在并不全部填满 r_j 的行,且不同行 r_j 的 j 不同)。

3.23　文法 G(S)的产生式集为

$$S→(EtSeS)|(EtS)|i=E$$
$$E→+EF|F$$
$$F→*Fi|i$$

构造文法 G[S]的 SLR(1)分析表,要求先画出相应的 DFA。

【解答】　将文法 G 拓广为文法 G[S′]：

$$G[S′]:(0)S′→S$$
$$(1)\ S→(EtSeS)$$
$$(2)\ S→(EtS)$$
$$(3)S→i=E$$
$$(4)E→+EF$$
$$(5)E→F$$
$$(6)F→*Fi$$
$$(7)F→i$$

用 ε_CLOSURE 方法构造文法 G[S′]的 LR(0)项目集规范族：

I_0: $S' \rightarrow \cdot S$

　　$S \rightarrow \cdot (EtSeS)$

　　$S \rightarrow \cdot (EtS)$

　　$S \rightarrow \cdot i = E$

I_1: $S' \rightarrow S \cdot$

I_2: $S \rightarrow (\cdot EtSeS)$

　　$S \rightarrow (\cdot EtS)$

　　$E \rightarrow \cdot + EF$

　　$E \rightarrow \cdot F$

I_3: $S \rightarrow (E \cdot tSeS)$

　　$S \rightarrow (E \cdot tS)$

I_4: $S \rightarrow (Et \cdot SeS)$

　　$S \rightarrow (Et \cdot S)$

　　$S \rightarrow \cdot (EtSeS)$

　　$S \rightarrow \cdot (EtS)$

　　$S \rightarrow \cdot i = E$

I_5: $S \rightarrow (EtS \cdot eS)$

　　$S \rightarrow (EtS \cdot)$

I_6: $S \rightarrow (EtSe \cdot S)$

　　$S \rightarrow \cdot (EtSeS)$

　　$S \rightarrow \cdot (EtS)$

　　$S \rightarrow \cdot i = E$

I_7: $S \rightarrow (EtSeS \cdot)$

I_8: $S \rightarrow (EtSeS) \cdot$

I_9: $S \rightarrow (EtS) \cdot$

I_{10}: $S \rightarrow i \cdot = E$

I_{11}: $S \rightarrow i = \cdot E$

　　$E \rightarrow \cdot + EF$

　　$E \rightarrow \cdot F$

I_{12}: $S \rightarrow i = E \cdot$

I_{13}: $E \rightarrow + \cdot EF$

　　$E \rightarrow \cdot + EF$

　　$E \rightarrow \cdot F$

I_{14}: $E \rightarrow + E \cdot F$

　　$F \rightarrow \cdot * Fi$

　　$F \rightarrow \cdot i$

I_{15}: $E \rightarrow + EF \cdot$

I_{16}: $E \rightarrow F \cdot$

I_{17}: $F \rightarrow * \cdot Fi$

　　$F \rightarrow \cdot * Fi$

　　$F \rightarrow \cdot i$

I_{18}: $F \rightarrow * F \cdot i$

I_{19}: $F \rightarrow * Fi \cdot$

I_{20}: $F \rightarrow i \cdot$

文法 $G[S']$ 的 DFA 如图 3-14 所示。

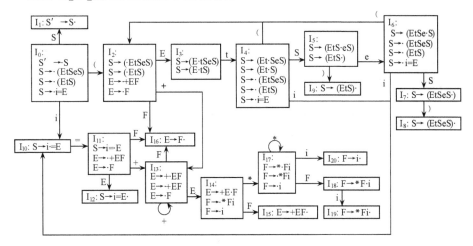

图 3-14　习题 3.23 的 DFA

构造 SLR(1) 分析表必须先求出所有形如"$A \rightarrow \alpha \cdot$"的 FOLLOW(A)，即由 FOLLOW 集的构造方法求得 $G[S']$ 的 FOLLOW 集如下：

(1) FOLLOW(S') = {♯}；

(2) 由 $S \rightarrow (EtSeS)$ 得 FIRST('t') $\subset$ FOLLOW(E)，即 FOLLOW(E) = {t}；

FIRST('e')⊂FOLLOW(S)，即 FOLLOW(S)={e}；

FIRST(')')⊂FOLLOW(S)，即 FOLLOW(S)={e,)}；

由 F→*Fi 得 FIRST('I')⊂FOLLOW(F)，即 FOLLOW(F)={i}；

由 E→+EF 得 FIRST('F')/{ε}⊂FOLLOW(E)，即 FOLLOW(E)={t,i}；

（3）由 S'→S 得 FOLLOW(S')⊂FOLLOW(S)，即 FOLLOW(S)={e,),♯}；

由 S→i=E 得 FOLLOW(S)⊂FOLLOW(E)，即 FOLLOW(E)={t,i, e,),♯}；

由 E→F 得 FOLLOW(E)⊂FOLLOW(F)，即 FOLLOW(F)={t,i,e,),♯}。

最后得到 SLR(1)分析表，如表 3-11 所示。

表 3-11　习题 3.23 的 SLR(1)分析表

状态	ACTION									GOTO		
	t	+	e	(	)	*	=	i	♯	S	E	F
0								s_{10}		1		
1									acc			
2		s_{13}									3	16
3	s_4											
4				s_2				s_{10}		5		
5			s_6	s_9								
6				s_2				s_{10}		7		
7					s_8							
8		r_1			r_1				r_1			
9		r_2			r_2				r_2			
10							s_{11}					
11		s_{13}									12	16
12		r_3			r_3				r_3			
13		s_{13}									14	16
14						s_{17}						15
15	r_4	r_4			r_4			r_4	r_4			
16	r_5	r_5			r_5			r_5	r_5			
17						s_{17}		s_{20}				18
18								s_{19}				
19	r_6	r_6			r_6			r_6	r_6			
20	r_7	r_7			r_7			r_7	r_7			

3.24　为二义文法 G[T]构造一个 SLR(1)分析表(详细说明构造方法)，其中

终结符"，"满足右结合性，终结符"；"满足左结合性，且"，"的优先级高于"；"的优先级。

$$G[T]: T \rightarrow TAT \mid bTe \mid a$$
$$A \rightarrow , \mid ;$$

【解答】 首先将文法 G[T]拓广为文法 G[S]：

$$G[S]: (0) \ S \rightarrow T$$
$$(1) \ T \rightarrow TAT$$
$$(2) \ T \rightarrow bTe$$
$$(3) \ T \rightarrow a$$
$$(4) \ A \rightarrow ,$$
$$(5) \ A \rightarrow ;$$

下面列出 LR(0)的所有项目：

1. $S \rightarrow \cdot T$	5. $T \rightarrow TA \cdot T$	9. $T \rightarrow bT \cdot e$	13. $A \rightarrow \cdot ,$
2. $S \rightarrow T \cdot$	6. $T \rightarrow TAT \cdot$	10. $T \rightarrow bTe \cdot$	14. $A \rightarrow , \cdot$
3. $T \rightarrow \cdot TAT$	7. $T \rightarrow \cdot bTe$	11. $T \rightarrow \cdot a$	15. $A \rightarrow \cdot ;$
4. $T \rightarrow T \cdot AT$	8. $T \rightarrow b \cdot Te$	12. $T \rightarrow a \cdot$	16. $A \rightarrow ; \cdot$

用 ε_CLOSURE 方法构造文法 G[S]的 LR(0)项目集规范族，并根据转换函数 GO 构造出文法 G[S]的 DFA，如图 3-15 所示。

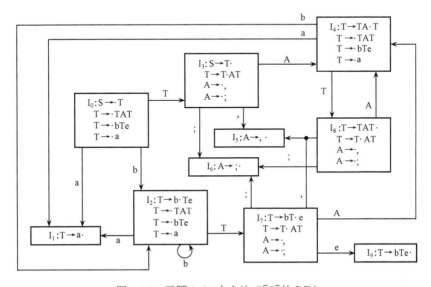

图 3-15 习题 3.24 中文法 G[S]的 DFA

已知文法 G[S]为二义文法，故必然存在冲突。逐一检查各状态，得知 I_8 存在"移进"/"归约"冲突（因为 $T \rightarrow TAT \cdot$ 要求归约，而 $T \rightarrow T \cdot AT$ 却要求移进）。在此,LR(0)已不能满足要求,因为 LR(0)分析表中的 ACTION 子表在某归约状态下(即某一行)的所有栏目全被"r_j"占满,但由于存在"移进"/"归约"冲突,即在此状态下,有些栏目应填为"S_j"(即归约)。为了减少冲突,最好采用 SLR(1)、LR(1)或 LALR 分析表。这里采用 SLR(1)分析表。

下面,构造文法 G[S]中非终结符的 FIRST 集和 FOLLOW 集如下:

FIRST(S)＝FIRST(T)＝{a,b};FIRST(A)＝{",",";"}

FOLLOW(S)＝{♯};FOLLOW(T)＝{",",";",e,♯};FOLLOW(A)＝{a,b}

因为 T→TAT·要求归约,而 T→T·AT 要求移进,即对 T 要求归约而对 A 要求移进,则有:

FOLLOW(T)∩FIRST(A)＝{",",";",e,♯}∩{",",";"}＝{",",";"}≠Φ

也即冲突字符为","和";"。

下面分析","与";"的具体情况。因为","的优先级高且有右结合,故不论是","还是";",遇见","其后的","一定移进;类似地,";"优先级低且有左结合,则无论是","还是";",遇见其后的";"一定归约。由此可得到 SLR(1)分析表,如表 3-12所示。

表 3-12　习题 3.24 的 SLR(1)分析表

状态	ACTION						GOTO	
	a	b	E	,	;	♯	A	T
0	s_1	s_2						3
1			r_3	r_3	r_3	r_3		
2	s_1	s_2						7
3				s_5	s_6	acc	4	
4	s_1	s_2						8
5	r_4	r_4						
6	r_5	r_5						
7			s_9	s_5	s_6		4	
8			r_1	s_5	r_1	r_1	4	
9			r_2	r_2	r_2	r_2		

从分析表中可以看到,本应该对在状态 8 对应 ACTION 子表中的字符集{e,",",";",♯}都执行用 r_1 归约,但","和";"存在"移进"/"归约"冲突,由于","的优先级高且有右结合,故对应 ACTOIN[8,","]栏改为 s_5,即移进;由于";"满足左结合性,即应归约,所以 ACTION[8,","]栏仍为 r_1。

注意,如果将条件改为","的优先级高且满足左结合,则将无法构造分析表。这是因为","在遇见其后的","时要求归约;而";"在遇见其后的","时则要求移进;这时 ACTION[8,","]栏就无法确定是放"r_1"还是放"s_5"了。

3.25　文法 G[T]及其 LR 分析表如表 3-13所示,给出串 bibi 的分析过程。

$$G[T]: (1)\ T \rightarrow EbH$$
$$(2)\ E \rightarrow d$$
$$(3)\ E \rightarrow \varepsilon$$
$$(4)\ H \rightarrow i$$
$$(5)\ H \rightarrow Hbi$$
$$(6)\ H \rightarrow \varepsilon$$

表 3-13 习题 3.25 的 LR 分析表

状态	ACTION				GOTO		
	b	d	i	#	T	E	H
0	r_3	s_3			1	2	
1				acc			
2	s_4						
3	r_2						
4	r_6		s_6	r_6			5
5	s_7			r_1			
6	r_4			r_4			
7			s_8				
8	r_5			r_5			

【解答】 对句子 bibi,先构造它的语法树,如图 3-16 所示。

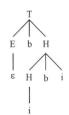

图 3-16 句子 bibi 的语法树

bibi 的分析过程参考该语法树进行,如表 3-14 所示。

表 3-14 bibi 的分析过程

状态	归约产生式	符号	输入串
0	r_3	#	bibi#
02		#E	bibi#
024		#Eb	ibi#
0246	r_4	#Ebi	bi#
0245		#EbH	bi#
02457		#EbHb	i#
024578	r_5	#EbHbi	#
0245	r_1	#EbH	#
01		#T	#
acc			

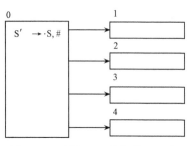

图 3-17　习题 3.26 的部分项目集

3.26　给出文法 G[S]及图 3-17 所示的 LR(1)项目集规范族中的 0、1、2、3、4。

$$G[S]: S \to S;B \mid B$$
$$B \to BaA \mid A$$
$$A \to b(S)$$

【解答】　首先求出 G[S]中所有非终结符的 FOLLOW 集。

已知 FOLLOW(S')={♯};则：

由 S'→S 得 FOLLOW(S')⊂FOLLOW(S)，即 FOLLOW(S)={♯}；

由 S→S;…得 FOLLOW(S)={♯,;}；

由 A→…S)得 FOLLOW(S)={♯,;,)}；

由 B→Ba…得 FOLLOW(B)={a}；

由 S→B 得 FOLLOW(S)⊂FOLLOW(B)，即 FOLLOW(B)={♯,;,),a}；

由 B→A 得 FOLLOW(B)⊂FOLLOW(A)，即 FOLLOW(A)={♯,;,),a}。

LR(1)的闭包 CLOSURE(I)可按如下方法构造：

(1) I 的任何项目都属于 CLOSURE(I)。

(2) 若项目[A→α・Bβ,a]属于 CLOSURE(I)，B→γ 是一个产生式，对 FIRST(βa)中的每个终结符 b,如果[B→・γ,b]原来不在 CLOSURE(I)中，则把它加进去。

(3) 重复执行步骤(2)，直至 CLOSURE(I)不再增大为止。

注意,b 可能是从 β 推出的第一个符号,若 β 推出 ε,则 b 就是 a。

我们先构造 LR(1)项目集族的 I_0(图 3-18)。

由 FOLLOW(S)={♯}可知[S'→・S,♯]∈CLOSURE(I_0)。此时 β=ε,故 b=a="♯",即有：

$$[S \to \cdot S;B, ♯] \in CLOSURE(I_0)$$
$$[S \to \cdot B, ♯] \in CLOSURE(I_0)$$

此时对 B→・γ 而言,因 β=ε,即 b=a="♯"。

对[S→・S;B,♯],由于 β≠ε,而 FIRST(β)=FIRST(';B')={;};则有：

$$[S \to \cdot S;B, ♯/;] \in CLOSURE(I_0)$$
$$[S \to \cdot B, ♯/;] \in CLOSURE(I_0)$$

同时有：

$$[B \to \cdot BaA, ♯/;] \in CLOSURE(I_0)$$
$$[B \to \cdot A, ♯/;] \in CLOSURE(I_0)$$

此时对 A→・γ 而言,因 β=ε,即 b=a="♯/;"。

对[B→・BaA,♯],由于 β≠ε,而 FIRST(β)=FIRST('aA')={a};则有：

$$[B \rightarrow \cdot BaA, \sharp \; / \; ; \; / \; a] \in CLOSURE(I_0)$$

$$[B \rightarrow \cdot A, \sharp \; / \; ; \; / \; a] \in CLOSURE(I_0)$$

同时有：

$$[A \rightarrow \cdot b(S), \sharp \; / \; ; \; / \; a] \in CLOSURE(I_0)$$

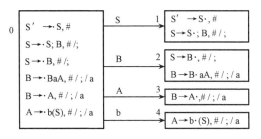

图 3-18　习题 3.26 的 LR(1)部分项目集

3.27　一个非 LR(1)的文法如下：

$$L \rightarrow MLb \mid a$$

$$M \rightarrow \varepsilon$$

请给出所有"移进"/"归约"冲突的 LR(1)项目集,以说明该文法确实不是 LR(1)的。

【解答】　先将文法 G[L]拓广为 G[L′]：

$$G[L']: (0) \; L' \rightarrow L$$
$$(1) \; L \rightarrow MLb$$
$$(2) \; L \rightarrow a$$
$$(3) \; M \rightarrow \varepsilon$$

如果按 LR(1)方法构造分析表时出现"移进"/"归约"冲突,则项目集规范族中一定包含如下形式的项目：

$$[A \rightarrow \alpha \cdot b\beta, a] \; 和 \; [A \rightarrow \alpha \cdot, b]$$

即移进符号与向前搜索符号相同。

在构造 LR(1)项目集族之前,我们先求出 G[L′]中所有非终结符的 FIRST 集和 FOLLOW 集：

$$FIRST(L') = FIRST(L) = \{a, \varepsilon\}$$

$$FIRST(M) = \{\varepsilon\}$$

由 FOLLOW 集构造方法知 FOLLOW(L′)={♯};

由 L→…Lb 得 FIRST('b')⊂FOLLOW(L),即 FOLLOW(L)={b};

由 L→ML… 得 FIRST(L)\{ε}⊂FOLLOW(M),即 FOLLOW(M)={a};

由 L′→L 得 FOLLOW(L′)⊂FOLLOW(L),即 FOLLOW(L)={♯,b}。

LR(1)闭包 CLOSURE(I)构造方法如下：

(1) I 的任何项目都属于 CLOSURE(I)。

(2) 若项目[A→α·Bβ,a]属于 CLOSURE(I),B→γ 是一个产生式,对 FIRST(βa) 中的每个终结符 b,如果[B→·γ,b]原来不在 CLOSURE(I)中,则把它加进去。

(3) 重复执行步骤(2),直至 CLOSURE(I)不再增大为止。

注意,b 可能是从 β 推出的第一个符号,若 β 推出 ε,则 b 就是 a。

令[L′→·L,♯]∈CLOSURE(I_0),求得项目集如下:

I_0: L′→·L,♯ I_2: L→M·Lb,♯ I_4: L→M·Lb,b

     L→·MLb,♯   L→·MLb,b   L→·MLb,b

     L→·a,♯   L→·a,b   L→·a,b

     M→·,a   M→·,a   M→·,a

I_1: L′→L·,♯ I_3: L→ML·b,♯ I_5: L→MLb·,♯

如果一个项目中含有 m 个移进项目:

$$A_1→α·a_1β_1, \quad A_2→α·a_2β_2, \quad \cdots, \quad A_m→α·a_mβ_m$$

同时 I 中含有 n 个归约项目:

$$B_1→α·, \quad B_2→α·, \quad \cdots, \quad B_n→α·$$

如果集合{a_1,⋯,a_m},FOLLOW(B_1),⋯,FOLLOW(B_n)两两相交,则必然存在"移进"/"归约"冲突。

由 I_0 中 L→·a,♯ 和 M→·,a 可知{a}∩FOLLOW(M)={a}∩{a}≠Φ(在此 α=ε);

由 I_2 中 L→·a,b 和 M→·,a 可知{a}∩FOLLOW(M)≠Φ;

由 I_4 中 L→·a,b 和 M→·,a 可知{a}∩FOLLOW(M)≠Φ。

也即,I_0、I_2、I_4 三个项目集存在"移进"/"归约"冲突。

3.28 试证明任何一个 SLR(1)文法一定是一个 LALR(1)文法。

【解答】 我们知道,在求闭包 ε_CLOSURE(I)时,构造有效的 LR(1)项目集与构造 LR(0)项目集是有区别的。如果 A→α·Bβ 属于 CLOSURE(I),且关于 B 的产生式是 B→γ,则对 LR(0)来说,项目 B→·γ 也属于 CLOSURE(I);而对 LR(1)(假定 A→α·Bβ 的后续一个字符为 a),则要求对 FIRST(βa)中的每个终结符 b,有项目[B→·γ,b]属于 CLOSURE(I)。

LR(1)、LR(0)以及 SLR(1)方法的区别也仅在上述构造分析表的算法上。也即若项 A→α· 属于 I_k,则当"用产生式 A→α 归约"时,LR(0)是无论面临什么输入符号都进行归约;SLR(1)则是仅当面临的输入符号 a∈FOLLOW(A)时才进行归约,而并不判断符号栈里的符号串所构成的活前缀 βα 是否把 α 归约为 A 的规范句型前缀 βAa;而 LR(1)则明确指出只有当 α 后跟终结符 a(即存在规范句型其前缀为 βAa)时,才允许把 α 归约为 A。

因此,LR(1)比 SLR(1)更精确,解决的冲突也多于 SLR(1),但 LR(1)的要求(即限制)也比 SLR(1)严格。但是对 LR(1)来说,其中的一些状态(项目集)除了向前搜索符不同外,其核心部分都是相同的,也即 LR(1)比 SLR(1)和 LR(0)存在更多的状态,但是每个 LR(0)文法、SLR(1)文法都是 LR(1)文法。

如果两个 LR(1)项目集除去搜索符之后是相同的,则称这两个 LR(1)项目集具有相同的心。当把所有同心的 LR(1)项目集合并为一时,则会看到一个心就是 LR(0)项目集(同时也是 SLR(1)项目集),这种 LR 分析法称为 LALR 方法。

假定有一个 LR(1)文法,它的 LR(1)项目集不存在动作冲突,如果我们把同心集合并为一,就可能导致冲突存在。但是这种冲突不会是"移进"/"归约"间的冲突。因为若存在这种冲突,则意味着面对当前的输入符号 a,有一个项目[A→α•,a]要求采取归约动作;同时又有另一项目[B→β•aγ,b]要求把 a 移进。

这两个项目既然同处在合并之后的一个集合中,就意味着在合并之前必然有某个 c 使得[A→α•,a]和[B→β•aγ,c]同处于(合并之前的)某一集合中,然而这又意味着原来的 LR(1)项目集已经存在着"移进"/"归约"冲突了,同时也意味着 SLR(1)项目集也已经存在着"移进"/"归约"冲突(因为 SLR(1)与合并后的 LALR 项目集相同。)

但是,同心集的合并有可能产生新的"归约"/"归约"冲突。假定有对活前缀 ac 有效的项目集为{[A→c•,d],[B→c•,e]},对 bc 有效的项目集为{[A→c•,e],[B→c•,d]},这两个集合都不含冲突,它们是同心的,但合并后就变成{[A→c•,d/e],[B→c•,d/e]},显然这是一个含有"归约"/"归约"冲突的集合。由于 SLR(1)与 LALR 同心(项目集相同),故在 SLR(1)文法中必然存在"归约"/"归约"冲突。由此可知,任何一个 SLR(1)文法一定是一个 LALR(1)文法。

注意,LALR 项目集族总是与同一文法的 SLR(1)项目集的心相同,并且实现 LALR 分析对文法的要求比 LR(1)严但比 SLR(1)宽,而开销比 SLR(1)大却远小于 LR(1)。

3.29 已知文法 G[S]: S→aAd|;Bd|aB↑|;A↑

A→a

B→a

(1) 试判断 G[S]是否为 LALR(1)文法。

(2) 当一个文法是 LR(1)而不是 LALR 时,那么 LR(1)项目集的同心集合并后会出现哪几种冲突? 请说明理由。

【解答】 (1) 将文法 G[S]拓广为文法 G[S′]:

G[S′]: (0) S′→S

(1) S→aAd

(2) S→;Bd

(3) S→aB↑

(4) S→;A↑

$\qquad$ (5) A→a

$\qquad$ (6) B→a

判断 G[S]是否为 LALR 文法的方法是:首先构造 LR(1)项目集族,如果它不存在冲突,就把同心集合并在一起;若合并后的集族不存在"归约"/"归约"冲突(即不存在同一个项目集中有两个像 A→c・和 B→c・这样具有相同搜索符的产生式),则表明 G[S]是 LALR 文法。

在构造 LR(1)项目集族之前,先求出 G[S′]中所有非终结符的 FIRST 集和 FOLLOW 集如下:

$\mathrm{FIRST}(S')=\mathrm{FIRST}(S)=\{a,;\}$ $\qquad$ $\mathrm{FIRST}(A)=\{a\}$ $\qquad$ $\mathrm{FIRST}(B)=\{a\}$

由 FOLLOW 集构造方法知 $\mathrm{FOLLOW}(S')=\{\#\}$;

由 S′→S 得 $\mathrm{FOLLOW}(S')\subset\mathrm{FOLLOW}(S)$,即 $\mathrm{FOLLOW}(S)=\{\#\}$;

由 S→…Ad 和 S→A↑ 得 $\mathrm{FOLLOW}(A)=\{d,↑\}$;

由 S→…Bd 和 S→…B↑ 得 $\mathrm{FOLLOW}(B)=\{d,↑\}$。

LR(1)的闭包 CLOSURE(I)可按如下方法构造:

① I 的任何项目都属于 CLOSURE(I);

② 若项目$[A→\alpha・B\beta,a]$属于 CLOSURE(I),B→γ 是一个产生式,对 $\mathrm{FIRST}(\beta a)$中的每一个终结符 b,如果$[B→・γ,b]$原来不在 CLOSURE(I)中,则把它加进去。

③ 重复执行步骤②,直至 CLOSURE(I)不再增大为止。

注意,b 可能是从 β 推出的第一个符号,若 β 推出 ε,则 b 就是 a。

LR(1)项目集族构造如下:

由 $\mathrm{FOLLOW}(S)=\{\#\}$知 S 的向前搜索字符为"#",即$[S'→・S,\#]$。令$[S'→・S,\#]\in\mathrm{CLOSURE}(I_0)$,我们来求出属于 I_0 的所有项目。已知$[S'→・S,\#]\in\mathrm{CLOSURE}(I_0)$,由 LR(1)闭包 CLOSURE(I)步骤①知 $\beta=\varepsilon$,也即对产生式 S→aAd、S→;Bd、S→aB↑、S→;A↑ 都有 b=a="#"。由此得到项目集 I_0 如下:

$$I_0: S'→・S,\#$$
$$S→・aAd,\#$$
$$S→・;Bd,\#$$
$$S→・aB↑,\#$$
$$S→・;A↑,\#$$

同理求得其他项目:

$I_1: S'→S・,\#$	$I_4: S→aA・d,\#$	$I_{10}: S→aAd・,\#$
$I_2: S→a・Ad,\#$	$I_5: S→aB・↑,\#$	$I_{11}: S→aB↑・,\#$
$\quad S→a・B↑,\#$	$I_6: A→a・,d$	$I_{12}: S→;Bd・,\#$
$\quad A→・a,d$	$\quad B→a・,↑$	$I_{13}: S→;A↑・,\#$

$$B \to \cdot a, \uparrow \qquad\qquad I_7: S \to ;B \cdot d, \#$$

$$I_3: S \to ; \cdot Bd, \# \qquad\qquad I_8: S \to ;A \cdot \uparrow, \#$$

$$S \to ; \cdot A\uparrow, \# \qquad\qquad I_9: A \to a \cdot, \uparrow$$

$$A \to \cdot a, \uparrow \qquad\qquad\qquad B \to a \cdot, d$$

$$B \to \cdot a, d$$

根据 LR(1)项目集族,将同心集合并(即去掉向前搜索符后两个项目的产生式相同)。经检查,只有 I_6 与 I_9 同心,即将 I_6 和 I_9 合并为 I_{69}:

$$I_{69}: A \to a \cdot, \uparrow/d$$

$$B \to a \cdot, \uparrow/d$$

此时出现了"归约"/"归约"冲突,即对"↑"或"d"不知是用 $A \to a \cdot$ 归约,还是用 $B \to a \cdot$ 归约,故 G[S]不是 LALR 文法。

(2) 当一个文法是 LR(1)而不是 LALR 时,那么 LR(1)项目集的同心集合并后只可能出现"归约"/"归约"冲突,而不会是"移进"/"归约"冲突。因为如果存在这种冲突,则意味着面对当前输入符号 a,有一个项目[$A \to \alpha \cdot, a$]要求采取归约动作,同时又有另一项目[$B \to \beta \cdot a\gamma, b$]要求把 a 移进。这两个项目既然同处在合并之后的一个集合中,就意味着在合并前必有某个 c 使得[$A \to \alpha \cdot, a$]和[$B \to \beta \cdot a\gamma, c$]同处于(合并之前的)某一集合中,然而这又意味着原来的 LR(1)项目集已经存在着"移进"/"归约"冲突了。因此,同心集的合并不会产生新的"移进"/"归约"冲突(因为是同心合并,所以只改变了搜索符,而并没有改变"移进"或"归约"操作,故不可能存在"移进"/"归约"冲突)。

但是,同心集的合并有可能产生新的"归约"/"归约"冲突。例如本题中,对活前缀 aa 有效的项目集为 I_6:{[$A \to a \cdot, d$],[$B \to a \cdot, \uparrow$]},对活前缀,a 有效的项目集为 I_9:{[$A \to a \cdot, \uparrow$],[$B \to a \cdot, d$]},这两个集合都不含冲突,它们是同心的,但合并之后就变成{[$A \to a \cdot, \uparrow/d$],[$B \to a \cdot, \uparrow/d$]},显然这是一个含有"归约"/"归约"冲突的集合,因为当面临"↑"或"d"时我们不知道该用 $A \to a$ 还是 $B \to a$ 进行归约。

3.30　给定文法 G[A]:$A \to (A)|a$:

(1) 证明 LR(1)项目[$A \to (A \cdot),$]对活前缀"((a"是有效的。

(2) 画出 LR(1)项目识别所有活前缀的 DFA。

(3) 构造 LR(1)分析表。

(4) 合并同心集,构造 LALR(1)分析表。

【解答】　(1) 证明:首先将文法 D[A]拓广为

$$G[A']: (0)\ A' \to A$$

$$(1)\ A \to (A)$$

$$(2)\ A \to a$$

其次,构造文法 G[A′]的 FOLLOW 集如下:

① FOLLOW(A′)={♯};

② 由 A→···A)得 FIRST(′)′)\{ε}⊂FOLLOW(A),即 FOLLOW(A)={)};

③ 由 A′→A 得 FOLLOW(A′)⊂FOLLOW(A),即 FOLLOW(A)={),♯}。

下面构造 LR(1)项目集规范族,其构造方法如下:

① I 的任何项目都是属于 CLOSURE(I)的;

② 若项目[A→α·Bβ,a]属于 CLOSURE(I),B→γ 是一个产生式,对 FIRST(βa)中的每个终结符 b,如果[B→·γ,b]原来不在 CLOSURE(I)中,则把它加进去;

③ 重复执行步骤②,直至 CLOSURE(I)不再增大为止。

注意,b 可能是从 β 推出的第一个符号,若 β 推出 ε,则 b 就是 a。

由此得到文法 G[A′]的 LR(1)项目集规范族如下(项目集 I_0 由 A′→·A,♯ 开始):

I_0: A′→·A,♯ I_4: A→(A·),♯

　　 A′→·(A),♯ I_5: A→(A)·,♯

　　 A→·a,♯ I_6: A→(·A),)

I_1: A′→A·,♯   　　 A→·(A),)

I_2: A→(·A),♯   　　 A→·a,)

　　 A→·(A),) I_7: A→(A·),)

　　 A→·a,) I_8: A→(A)·,)

I_3: A→a·,♯ I_9: A→a·,)

LR(1)识别所有活前缀的 DFA 如图 3-19 所示。

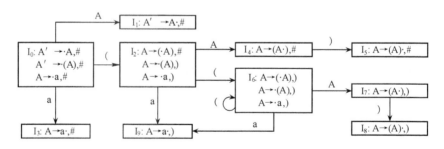

图 3-19　识别活前缀的 DFA

而项目[A→(A·),)]对应图 3-19 中的 I_7,即由 I_0 到达 I_7 的活前缀(即由 I_0 到达 I_7 道路上的字符组成)为"(···(A",其中"(···("至少有两个"("。由此得到项目[A→(A·),)]对活前缀"((A"有效。

(2) LR(1)项目识别所有活前缀的 DFA 如图 3-19 所示。

(3) 构造的 LR(1)分析表如表 3-15 所示。

表 3-15　习题 3.30 的 LR(1)分析表

状态	ACTION				GOTO
	(	)	a	♯	A
0	s_2		s_3		I
1				acc	
2	s_6		s_9		4
3				r_2	
4		s_5			
5				r_1	
6	s_6		s_9		7
7		s_8			
8		r_1			
9		r_2			

将 I_3、I_9 合并成 I_{39}：$[A{\to}a\cdot,)/{\sharp}]$；

将 I_2、I_6 合并成 I_{26}：$[A{\to}(\cdot A),)/{\sharp}]$，$[A{\to}\cdot(A),)]$，$[A{\to}\cdot a,)]$；

将 I_4、I_7 合并成 I_{47}：$[A{\to}(A\cdot),)/{\sharp}]$；

将 I_5、I_8 合并成 I_{58}：$[A{\to}(A)\cdot,)/{\sharp}]$。

由此得到合并后集族所构成的 LALR 分析表,如表 3-16 所示。

表 3-16　合并后集族所构成的 LALR 分析表

状态	ACTION				GOTO
	(	)	a	♯	A
0	s_{26}		s_{39}		1
1				acc	
26	s_{26}		s_{39}		47
39		r_2		r_2	
47		s_{58}			
58		r_1		r_1	

3.31　下述文法 G[S]是哪类 LR 文法? 构造相应 LR 分析表。

G[S]：(1) S→L＝R

(2) S→R

(3) L→ * R

(4) L→i

(5) R→L

【解答】　首先将文法 G[S]拓广为 G[S′]：

$$G[S'] : (0)\ S' \rightarrow S$$
$$(1)\ S \rightarrow L = R$$
$$(2)\ S \rightarrow R$$
$$(3)\ L \rightarrow *R$$
$$(4)\ L \rightarrow i$$
$$(5)\ R \rightarrow L$$

构造文法 $G[S']$ 的 LR(0)项目集规范族如下：

$I_0 : S' \rightarrow \cdot S$	$I_2 : S \rightarrow L \cdot = R$	$I_5 : S \rightarrow R \cdot$
$S \rightarrow \cdot L = R$	$R \rightarrow L \cdot$	$I_6 : S \rightarrow L = \cdot R$
$S \rightarrow \cdot R$	$I_3 : L \rightarrow * \cdot R$	$R \rightarrow \cdot L$
$L \rightarrow \cdot *R$	$R \rightarrow \cdot L$	$L \rightarrow \cdot *R$
$L \rightarrow \cdot i$	$L \rightarrow \cdot *R$	$L \rightarrow \cdot i$
$R \rightarrow \cdot L$	$L \rightarrow \cdot i$	$I_7 : S \rightarrow L = R \cdot$
$I_1 : S' \rightarrow S \cdot$	$I_4 : L \rightarrow i \cdot$	$I_8 : L \rightarrow *R \cdot$

我们知道,如果每个项目集中不存在既含移进项目又含归约项目,或者含有多个归约项目的情况,则该文法是一个 LR(0)文法。检查上面的项目集规范族,发现 I_2 存在既含移进项目 $S \rightarrow L \cdot = R$ 又含归约项目 $R \rightarrow L \cdot$ 的情况,故文法 $G[S]$ 不是 LR(0)文法。

假定 LR(0)规范族的一个项目集 I 中含有 m 个移进项目：

$$A_1 \rightarrow \alpha \cdot a_1 \beta_1, \quad A_2 \rightarrow \alpha \cdot a_2 \beta_2, \quad \cdots, \quad A_m \rightarrow \alpha \cdot a_m \beta_m$$

同时 I 中含有 n 个归约项目：

$$B_1 \rightarrow \alpha \cdot, \quad B_2 \rightarrow \alpha \cdot, \quad \cdots, \quad B_n \rightarrow \alpha \cdot$$

如果集合 $\{a_1, \cdots, a_m\}$,FOLLOW(B_1),$\cdots$,FOLLOW(B_n) 两两不相交(包括不得有两个 FOLLOW 集含有"♯"),则要解决隐含在 I 中的动作冲突,可检查现行输入符号 a 属于上述 n+1 个集合中的哪个集合,这就是 SLR(1)文法。

因此,构造文法 $G[S']$ 的 FOLLOW 集如下：

(1) FOLLOW$(S') = \{♯\}$;

(2) 由 $S \rightarrow L = \cdots$ 得 FIRST$('=') \backslash \{\varepsilon\} \subset$ FOLLOW(L),即 FOLLOW$(L) = \{=\}$;

(3) 由 $S' \rightarrow S$ 得 FOLLOW$(S') \subset$ FOLLOW(S),即 FOLLOW$(S) = \{♯\}$;

　　由 $S \rightarrow R$ 得 FOLLOW$(S) \subset$ FOLLOW(R),即 FOLLOW$(R) = \{♯\}$;

　　由 $L \rightarrow \cdots R$ 得 FOLLOW$(L) \subset$ FOLLOW(R),即 FOLLOW$(R) = \{=, ♯\}$;

　　由 $R \rightarrow L$ 得 FOLLOW$(R) \subset$ FOLLOW(L),即 FOLLOW$(L) = \{=, ♯\}$。

　　由 I_2 的移进项目 $S \rightarrow L \cdot = R$ 和归约项目 $R \rightarrow L \cdot$ 得到：

$$\{=\} \bigcap \text{FOLLOW}(L) = \{=\} \bigcap \{=, ♯\} = \{=\} \neq \Phi$$

所以文法 $G[S]$ 不是 SLR(1)文法。

下面构造 LR(1)项目集规范族,得到文法 G[S′]的 LR(1)项目集规范族如下 (项目集 I_0 由 S′→·S,♯ 开始):

I_0: S′→·S,♯　　　　　　　　I_6: S→L=·R,♯
　　S→·L=R,♯　　　　　　　　R→·L,♯
　　S→·R,♯　　　　　　　　　L→·*R,♯
　　L→·*R,=　　　　　　　　　L→·i,♯
　　L→·i,=　　　　　　　　I_7: L→*R·,=
　　R→·L,♯　　　　　　　　I_8: R→L·,=
I_1: S′→S·,♯　　　　　　　I_9: S→L=R·,♯
I_2: S→L·=R,♯　　　　　　I_{10}: R→L·,♯
　　R→L·,♯　　　　　　　　I_{11}: L→*·R,♯
I_3: S→R·,♯　　　　　　　　R→·L,♯
I_4: L→*·R,=　　　　　　　　L→·*R,♯
　　R→·L,=　　　　　　　　　L→·i,♯
　　L→·*R,=　　　　　　　I_{12}: L→i·,♯
　　L→·i,=　　　　　　　　I_{13}: L→*R·,♯
I_5: L→i·,=

此时,I_2 的移进项目[S→L·=R,♯]和归约项目[R→L·,♯]有:

$$\{=\}\bigcap\{\sharp\}=\Phi$$

故文法 G[S]是 LR(1)文法。最后得到 LR(1)分析表,如表 3-17 所示。

表 3-17　习题 3.31 的 LR(1)分析表

状态	ACTION				GOTO		
	=	*	i	♯	S	L	R
0		s_4	s_5		1	2	3
1				acc			
2	s_6			r_5			
3				r_2			
4		s_4	s_5			8	7
5	r_4						
6		s_{11}	s_{12}			10	9
7	r_3						
8	r_5						
9				r_1			
10				r_5			
11		s_{11}	s_{12}			10	13
12				r_4			
13				r_3			

3.32　已知布尔表达式的文法 G[B]如下：

$$G[B]: B \rightarrow AB \mid OB \mid not\ B \mid (B) \mid i\ rop\ i \mid i$$
$$A \rightarrow B\ and$$
$$O \rightarrow B\ or$$

试为 G[B]构造 LR 分析表。

【解答】　将文法 G[B]拓广为文法 G[S']：

$$G[S']: (0)\ S' \rightarrow B$$
$$(1)\ B \rightarrow i$$
$$(2)\ B \rightarrow i\ rop\ i$$
$$(3)\ B \rightarrow (B)$$
$$(4)\ B \rightarrow not\ B$$
$$(5)\ A \rightarrow B\ and$$
$$(6)\ B \rightarrow AB$$
$$(7)\ O \rightarrow B\ or$$
$$(8)\ B \rightarrow OB$$

列出 LR(0)的所有项目：

1. $S' \rightarrow \cdot B$	8. $B \rightarrow i\ rop\ i \cdot$	15. $B \rightarrow not\ B$	22. $O \rightarrow \cdot B\ or$
2. $S' \rightarrow B \cdot$	9. $B \rightarrow \cdot (B)$	16. $A \rightarrow \cdot B\ and$	23. $O \rightarrow B \cdot or$
3. $B \rightarrow \cdot i$	10. $B \rightarrow (\cdot B)$	17. $A \rightarrow B \cdot and$	24. $O \rightarrow B\ or \cdot$
4. $B \rightarrow i \cdot$	11. $B \rightarrow (B \cdot)$	18. $A \rightarrow B\ and \cdot$	25. $B \rightarrow \cdot OB$
5. $B \rightarrow \cdot i\ rop\ i$	12. $B \rightarrow (B) \cdot$	19. $B \rightarrow \cdot AB$	26. $B \rightarrow O \cdot B$
6. $B \rightarrow i \cdot rop\ i$	13. $B \rightarrow \cdot not\ B$	20. $B \rightarrow A \cdot B$	27. $B \rightarrow OB \cdot$
7. $B \rightarrow i\ rop \cdot i$	14. $B \rightarrow not \cdot B$	21. $B \rightarrow AB \cdot$	

用 ε_CLOSURE 方法构造出文法 G[S']的 LR(0)项目集规范族，并根据状态转换函数 GO 画出文法 G[S']的 DFA，如图 3-20 所示。

下面，对文法 G[S']中形如"$A \rightarrow \alpha \cdot$"的项目：

$I_{13}: S' \rightarrow B \cdot$	$I_{12}: B \rightarrow (B) \cdot$	$I_{14}: B \rightarrow AB \cdot$
$I_1: B \rightarrow i \cdot$	$I_6: B \rightarrow not\ B \cdot$	$I_{10}: O \rightarrow B\ or \cdot$
$I_3: B \rightarrow i\ rop\ i \cdot$	$I_9: A \rightarrow B\ and \cdot$	$I_{15}: B \rightarrow OB \cdot$

求 FOLLOW 集。根据 FOLLOW 集构造方法，构造文法 G[S']中非终结符的 FOLLOW 集如下：

① 对文法开始符 S'，$\sharp \in$ FOLLOW(S')，即 FOLLOW(S') = {$\sharp$}。

② 由 B→…B 得 FIRST(')')\{ε}⊂FOLLOW(B)，即 FOLLOW(B) = {)}；

　由 B→B and 得 FIRST('and')\{ε}⊂FOLLOW(B)，即 FOLLOW(B) = {),and}；

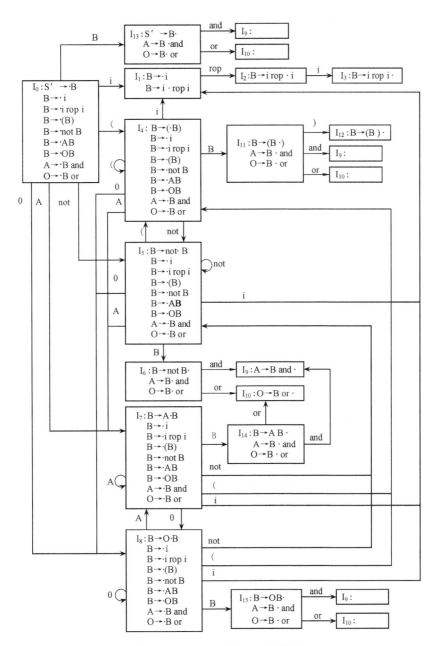

图 3-20 习题 3.32 中文法 G[S′]的 DFA

由 O→B or 得 FIRST('or')\{ε}⊆FOLLOW(B),即 FOLLOW(B)={),

and,or};

由 B→AB 得 FIRST(B)\{ε}⊆FOLLOW(A),即 FOLLOW(A)={i,(,

not}(注:FIRST(B)={i,(,not)});

由 B→OB 得 FIRST(B)\{ε}⊂FOLLOW(O),即 FOLLOW(O)={i,(,not}。

③ 由 S′→B 得 FOLLOW(S′)⊂FOLLOW(B),即 FOLLOW(B)={),and,or,♯},由此得到 FOLLOW(B)={),and,or,♯},FOLLOW(A)=FOLLOW(O)={i,(,not}。

分析图 3-20,可知 I_1、I_6、I_{14}、I_{15} 存在矛盾。I_1 的"移进"/"归约"矛盾可以在 SLR(1)下得到解决,因为 FOLLOW(B)={),and,or,♯},而移进仅是在字符"rop"下进行的,即有 FOLLOW(B)∩{rop}=Φ,故移进与归约不发生矛盾(归约是在字符")"、"and"、"or"或"♯"下进行的)。

而 I_6、I_{14} 和 I_{15} 的"移进"/"归约"矛盾无法得到解决(在字符"and"和"or"下既要"移进"又要"归约"),故文法 G[S′]是一个二义文法。经分析,当 B 遇到后面的"and"或"or"时应移进,故服从右结合规则。由此得到布尔表达式的 SLR(1)分析表如表 3-18 所示。

表 3-18　习题 3.32 的布尔表达式的 SLR(1)分析表

状态	ACTION								GOTO		
	i	rop	(	)	not	and	or	♯	B	A	O
0	s_1		s_4		s_5				13	7	8
1		s_2		r_1		r_1	r_1	r_1			
2	s_3										
3				r_2		r_2	r_2	r_2			
4	s_1		s_4		s_5				11	7	8
5	s_1		s_4		s_5				6	7	8
6				r_4		s_9	s_{10}	r_4			
7	s_1		s_4		s_5				14	7	8
8	s_1		s_4		s_5				15	7	8
9	r_5		r_5		r_5						
10	r_7		r_7		r_7						
11				s_{12}		s_9	s_{10}				
12				r_3		r_3	r_3	r_3			
13						s_9	s_{10}	acc			
14				r_6		s_9	s_{10}	r_6			
15				r_8		s_9	s_{10}	r_8			

3.33　给出文法

$$G[S]: S→SaS\,|\,SbS\,|\,cSd\,|\,eS\,|\,f$$

(1) 请证实这是一个二义文法。

(2) 给出什么样的约束条件可构造无冲突的 LR 分析表?请证实你的论点。

【解答】　（1）对于语句 fafbf,该文法存在两棵不同的语法树,如图 3-21 所示。因此,G[S]是二义文法。

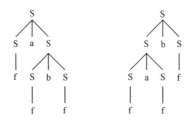

图 3-21　语句 fafbf 的两棵不同语法树

（2）首先将文法 G[S]拓广为:

$$G[S']: (0)\ S' \rightarrow S$$
$$(1)\ S \rightarrow SaS$$
$$(2)\ S \rightarrow SbS$$
$$(3)\ S \rightarrow cSd$$
$$(4)\ S \rightarrow eS$$
$$(5)\ S \rightarrow f$$

该文法 G[S']的 DFA 如图 3-22 所示。

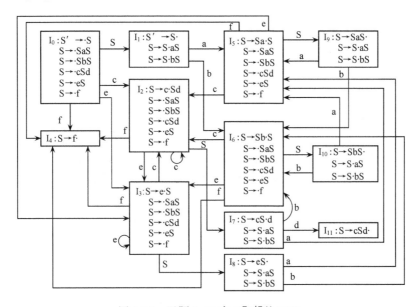

图 3-22　习题 3.33 中 G[S']的 DFA

状态 I_1、I_8、I_9 和 I_{10} 存在“移进”/“归约”冲突。计算 G[S']中所有非终结符的 FOLLOW 集:

$$FOLLOW(S') = \{\#\}$$
$$FOLLOW(S) = \{a, b, d, \#\}$$

① 对于 I_1：$S' \rightarrow S \cdot$

　　　　$S \rightarrow S \cdot aS$

　　　　$S \rightarrow S \cdot bS$

可以采用 SLR(1) 解决冲突，即当 LR 分析器处于状态 1 时，如果下一个输入符号是"#"，则按 $S' \rightarrow S \cdot$ 执行归约；如果下一个输入符号是"a"或"b"，则执行移进。

② 对于 I_8：$S \rightarrow eS \cdot$

　　　　$S \rightarrow S \cdot aS$

　　　　$S \rightarrow S \cdot bS$

该冲突无法采用 SLR(1) 解决，我们给出约束条件：让 e 的优先级比 a 和 b 高，则当 LR 分析器处于状态 8 时，若下一输入符号是 FOLLOW(S) 中的符号，就按 $S \rightarrow eS \cdot$ 执行归约。

③ 对于 I_9：$S \rightarrow SaS \cdot$

　　　　$S \rightarrow S \cdot aS$

　　　　$S \rightarrow S \cdot bS$

该冲突无法采用 SLR(1) 解决，我们给出约束条件：让 a 的优先级比 a 和 b 高，即实行左结合，则当 LR 分析器处于状态 9 时，若下一输入符号是 FOLLOW(S) 中的符号，就按 $S \rightarrow SaS \cdot$ 执行归约。

④ 对于 I_{10}：$S \rightarrow SbS \cdot$

　　　　$S \rightarrow S \cdot aS$

　　　　$S \rightarrow S \cdot bS$

此时也给出约束条件：让 b 的优先级比 a 和 b 高，即实行左结合，则当 LR 分析器处于状态 10 时，若下一输入符号是 FOLLOW(S) 中的符号，就按 $S \rightarrow SbS \cdot$ 执行归约。

　　综上所述，统一给出构造无冲突的 LR 分析表的约束条件是：左边终结符的优先级比右边终结符高，即实行左结合。另外，我们也看到，消除左递归有助于解决 LR 分析表中的冲突。

　　3.34　根据下面所给文法 $G'[S]$ 和表 3-19 分析 $ia;iaea\#$ 的语义加工过程。

　　　　$G'[S]$：(0) $S' \rightarrow S$

　　　　　　　(1) $S \rightarrow iSeS$

　　　　　　　(2) $S \rightarrow iS$

　　　　　　　(3) $S \rightarrow S;S$

　　　　　　　(4) $S \rightarrow a$

表 3-19   习题 3.34 的 SLR(1) 分析表

| 状态 | ACTION | | | | | GOTO |
	i	e	;	a	♯	S
0	s_2			s_3		1
1			s_4		acc	
2	s_2			s_3		5
3		r_4	r_4		r_4	
4	s_2			s_3		6
5		s_7	r_2		r_2	
6		r_3	r_3		r_3	
7	s_2			s_3		8
8		r_1	r_1		r_1	

【解答】 ia;iaea♯ 的语义加工过程见表 3-20。

表 3-20   ia;iaea♯ 的语义加工过程

步 骤	状 态 栈	符 号 栈	输 入 串
0	0	♯	ia;iaea♯
1	02	♯ i	a;iaea♯
2	023	♯ ia	;iaea♯
3	025	♯ iS	;iaea♯
4	01	♯ S	;iaea♯
5	014	♯ S;	iaea♯
6	0142	♯ S;i	aea♯
7	01423	♯ S;ia	ea♯
8	01425	♯ S;iS	ea♯
9	014257	♯ S;iSe	a♯
10	0142573	♯ S;iSea	♯
11	0142578	♯ S;iSeS	♯
12	0146	♯ S;S	♯
13	01	♯ S	♯
14	acc		

第4章 语义分析和中间代码生成

4.1 完成下列选择题：

(1) 四元式之间的联系是通过_____实现的。

    a. 指示器   b. 临时变量

    c. 符号表   d. 程序变量

(2) 间接三元式表示法的优点为_____。

    a. 采用间接码表,便于优化处理

    b. 节省存储空间,不便于表的修改

    c. 便于优化处理,节省存储空间

    d. 节省存储空间,不便于优化处理

(3) 表达式(¬A∨B)∧(C∨D)的逆波兰表示为_____。

    a. ¬AB∨∧CD∨   b. A¬B∨CD∨∧

    c. AB∨¬CD∨∧   d. A¬B∨∧CD∨

(4) 有一语法制导翻译如下所示：

    S→bAb   {print"1"}

    A→(B   {print"2"}

    A→a   {print"3"}

    B→Aa)   {print"4"}

若输入序列为 b(((aa)a)a)b,且采用自下而上的分析方法,则输出序列为_____。

    a. 32224441   b. 34242421

    c. 12424243   d. 34442212

【解答】 (1) b   (2) a   (3) b   (4) b

4.2 何谓"语法制导翻译"？试给出用语法制导翻译生成中间代码的要点,并用一简例予以说明。

【解答】 语法制导翻译(SDTS)直观上说就是为每个产生式配上一个翻译子程序(称语义动作或语义子程序),并且在语法分析的同时执行这些子程序。也即在语法分析过程中,当一个产生式获得匹配(对于自上而下分析)或用于归约(对于自下而上分析)时,此产生式相应的语义子程序进入工作,完成既定的翻译任务。

用语法制导翻译(SDTS)生成中间代码的要点如下：

(1) 按语法成分的实际处理顺序生成,即按语义要求生成中间代码。

（2）注意地址返填问题。

（3）不要遗漏必要的处理，如无条件跳转等。

例如下面的程序段：

$$\text{if }(i>0)\ a=i+e-b*d;\quad \text{else }a-0;$$

在生成中间代码时，条件"i>0"为假的转移地址无法确定，而要等到处理"else"时方可确定，这时就存在一个地址返填问题。此外，按语义要求，当处理完(i>0)后的语句（即"i>0"为真时执行的语句）时，则应转出当前的 if 语句，也即此时应加入一条无条件跳转指令，并且这个转移地址也需要待处理完 else 之后的语句后方可获得，就是说同样存在着地址返填问题。对于赋值语句 $a=i+e-b*d$，其处理顺序（也即生成中间代码顺序）是先生成 i+e 的代码，再生成 b*d 的中间代码，最后才产生"-"运算的中间代码，这种顺序不能颠倒。

4.3　令 S.val 为文法 G[S]生成的二进制数的值，例如对输入串 101.101，则 S.val=5.625。按照语法制导翻译方法的思想，给出计算 S.val 的相应的语义规则，G(S)如下：

$$G[S]:S\rightarrow L.L\,|\,L$$
$$L\rightarrow LB\,|\,B$$
$$B\rightarrow 0\,|\,1$$

【解答】　计算 S.val 的文法 G'[S]及语义动作如下：

产生式	语义动作
$G'[S]:S'\rightarrow S$	$\{\text{print}(S.val)\}$
$S\rightarrow L_1\cdot L_2$	$\{S.val:=L_1.val+L_2.val/2_{L_2}.length\}$
$S\rightarrow L$	$\{S.val:=L.val\}$
$L\rightarrow L_1 B$	$\{L.val:=L_1.val*2+B.val$
	$L.length:=L_1.length+1\}$
$L\rightarrow B$	$\{L.val:=B.val$
	$L.length:=2\}$
$B\rightarrow 1$	$\{B.val:=1\}$
$B\rightarrow 0$	$\{B.val:=0\}$

4.4　下面的文法生成变量的类型说明：

$$D\rightarrow id\ L$$
$$L\rightarrow ,id\ L\,|\,:T$$
$$T\rightarrow integer\,|\,real$$

试构造一个翻译方案，仅使用综合属性，把每个标识符的类型填入符号表中（对所用到的过程，仅说明功能即可，不必具体写出）。

【解答】　此题只需要对说明语句进行语义分析而不需要产生代码，但要求把每个标识符的类型填入符号表中。对 D、L、T,为其设置综合属性 type,而过程 enter(name,type)用来把名字 name 填入到符号表中,并且给出此名字的类型 type。翻译方案如下:

D→id L	{enter (id. name, L. type);}
L→,id L$^{(1)}$	{enter(id. name, L$^{(1)}$. type);
	L. type＝L$^{(1)}$. type;}
L→:T	{L. type＝T. type;}
T→integer	{T. type＝integer;}
T→real	{T. type＝real;}

4.5 写出翻译过程调用语句的语义子程序。在所生成的四元式序列中,要求在转子指令之前的参数四元式 par 按反序出现(与实现参数的顺序相反)。此时,在翻译过程调用语句时,是否需要语义变量(队列)queue?

【解答】 为使过程调用语句的语义子程序产生的参数四元式 par 按反序方式出现,过程调用语句的文法为

$$S→call\ i\ (arglist)$$
$$arglist→E$$
$$arglist→arglist^{(1)},E$$

按照该文法,语法制导翻译程序不需要语义变量队列 queue,但需要一个语义变量栈 STACK,用来实现按反序记录每个实在参数的地址。翻译过程调用语句的产生式及语义子程序如下:

(1) arglist→E   {建立一个 arglist. STACK 栈,它仅包含一项 E. place}
(2) arglist→arglist$^{(1)}$,E {将 E. place 压入 arglist$^{(1)}$. STACK 栈,
                arglist. STACK＝arglist$^{(1)}$. STACK}
(3) S→call i (arglist) {while arglist. STACK≠null do
              begin
              将 arglist. STACK 栈顶项弹出并送入 p 单元之中;
              emit (par,_,_,p);
              end;
              emit (call,_,_, entry (i));}

4.6 设某语言的 while 语句的语法形式为
$$S→while\ E\ do\ S^{(1)}$$
其语义解释如图 4-1 所示:
(1) 写出适合语法制导翻译的产生式。
(2) 写出每个产生式对应的语义动作。

【解答】 本题的语义解释图已经给出了翻译后的中间代码结构。在语法制导

翻译过程中,当扫描到 while 时,应记住 E 的代码地址;当扫描到 do 时,应对 E 的"真出口"进行回填,使之转到 $S^{(1)}$ 代码的入口处;当扫描到 $S^{(1)}$ 时,除了应将 E 的入口地址传给 $S^{(1)}$. chain 之外,还要形成一个转向 E 入口处的无条件转移的四元式,并且将 E. fc 继续传下去。因此,应把 S→while E do $S^{(1)}$ 改写为如下的三个产生式:

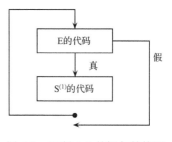

图 4-1　习题 4.6 的语句结构图

$$W→while$$
$$A→W\ E\ do$$
$$S→A\ S^{(1)}$$

每个产生式对应的语义子程序如下:

W→while	{W. quad＝nxq;}
A→W E do	{Backpatch(E. tc,nxq);
	A. chain＝E. fc;
	A. quad＝W. quad;}
S→A $S^{(1)}$	{Backpatch($S^{(1)}$. chain,A. quad);
	emit (j,_,_,A. quad);
	S. chain＝A. chain;}

4.7　改写 4.4.2 节中布尔表达式的语义子程序,使得 $i^{(1)}$ rop $i^{(2)}$ 不按通常方式翻译为下面的相继两个四元式:

$$(jrop,i^{(1)},i^{(2)},0)$$
$$(j,\_,\_,0)$$

而是翻译成如下的一个四元式:

$$(jnrop,\ i^{(1)},\ i^{(2)},\ 0)$$

使得当 $i^{(1)}$ rop $i^{(2)}$ 为假时发生转移,而为真时并不发生转移(即顺序执行下一个四元式),从而产生效率较高的四元式代码。

【解答】　按要求改造描述布尔表达式的语义子程序如下:

(1) E→i　　　　{E. tc＝null; E. fc＝nxq; emit (jez, entry (i), _,0);}

(2) E→$i^{(1)}$ rop $i^{(2)}$　{E. tc＝null; E. fc＝nxq; emit (jnrop, entry ($i^{(1)}$), entry ($i^{(2)}$);)}
　　　　　　　　　/＊ nrop 表示关系运算符与 rop 相反 ＊/

(3) E→($E^{(1)}$)　　　{E. tc＝$E^{(1)}$. tc; E. fc＝$E^{(1)}$. fc;}

(4) E→¬ $E^{(1)}$　　　{E. fc＝nxq; emit (j, _,_,0); Backpatch ($E^{(1)}$. fc, nxq);}

(5) E^A→$E^{(1)}$ ∧　　{E^A. fc＝$E^{(1)}$. fc;}

(6) $E \rightarrow E^A E^{(2)}$ {E. tc=$E^{(2)}$. tc; E. fc=merg (E^A. fc, $E^{(2)}$. fc);}

(7) $E^0 \rightarrow E^{(1)} \lor$ {E^0. tc = nxq; emit (j, _,_,0); Backpatch ($E^{(1)}$. fc, nxq);}

(8) $E \rightarrow E^0 E^{(2)}$ {E. fc=$E^{(2)}$. fc; Backpatch (E^0. tc, nxq);}

4.8 按照 4.5.3 节中三种基本控制结构的文法将下面的语句翻译成四元式序列:

```
while (A<C∧B<D)
{
    if (A≥1)  C = C + 1;
    else  while (A≤D)
            A = A + 2;
}
```

【解答】 该语句的四元式序列如下(其中 E_1、E_2 和 E_3 分别对应 A<C∧B<D、A≥1 和 A≤D,并且关系运算符优先级高):

100 (j<, A, C, 102)	
101 (j, _, _, 113)	/＊E_1 为 F＊/
102 (j<, B, D, 104)	/＊E_1 为 T＊/
103 (j, _, _, 113)	/＊E_1 为 F＊/
104 (j=, A, 1, 106)	/＊E_2 为 T＊/
105 (j, _, _, 108)	/＊E_2 为 F＊/
106 (+, C, 1, C)	/＊C:=C+1＊/
107 (j, _, _, 112)	/＊跳过 else 后的语句＊/
108 (j≤, A, D, 110)	/＊E_3 为 T＊/
109 (j, _, _, 112)	/＊E_3 为 F＊/
110 (+, A, 2, A)	/＊A:=A+2＊/
111 (j, _, _, 108)	/＊转回内层 while 语句开始处＊/
112 (j, _, _, 100)	/＊转回外层 while 语句开始处＊/
113	

4.9 按照 4.5.3 节的三种基本控制结构的文法将下面的语句翻译成四元式序列:

```
while (a∨b)
    if (x<y)
        while (c∧d)
            k = k + 1;
    else
```

```
if (m<n∧k>q)
    m = k;
else
    while(m≠k)
        m = m + 1;
```

【解答】　画出该语句对应的代码结构图如图 4-2 所示,并由此得到该语句的四元式序列如下:

$100(jnz,a,\_,104)$

$101(j,\_,\_,102)$

$102(jnz,b,\_,104)$

$103(j,\_,\_,124)$

$104(j<,x,y,106)$

$105(j,\_,\_,113)$

$106(jnz,c,\_,108)$

$107(j,\_,\_,112)$

$108(jnz,d,\_,110)$

$109(j,\_,\_,112)$

$110(+,k,1,k)$

$111(j,\_,\_,106)$

$112(j,\_,\_,123)$

$113(j<,m,n,115)$

$114(j,\_,\_,119)$

$115(j<,k,q,117)$

$116(j,\_,\_,119)$

$117(=,k,\_,m)$

$118(j,\_,\_,123)$

$119(j\neq,m,k,121)$

$120(j,\_,\_,123)$

$121(+,m,1,m)$

$122(j,\_,\_,119)$

$123(j,\_,\_,100)$

124

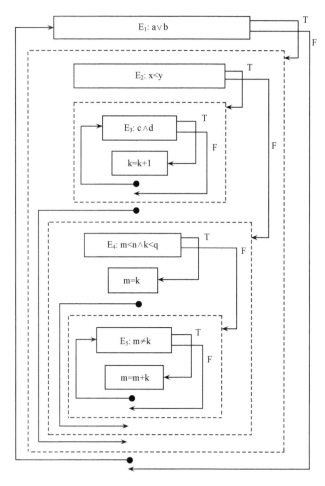

图 4-2　代码结构图

4.10　已知源程序如下：

```
prod = 0;
i = 1;
while (i≤20)
{
    prod = prod + a[i] * b[i];
    i = i + 1;
}
```

试按语法制导翻译法将上述源程序翻译成四元式序列(设 A 是数组 a 的起始地址,B 是数组 b 的起始地址;机器按字节编址,每个数组元素占四个字节)。

【解答】　源程序翻译为下列四元式序列：

100(＝,0,_,prod)

101(＝,1,_,i)

102(j≤,i,20,104)

103(j,_,_,114)

104(＊,4,i,T_1)

105(－,A,4,T_2)

106(＝[],T_2,T_1,T_3)

107(＊,4,i,T_4)

108(－,B,4,T_5)

109(＝[],T_5,T_4,T_6)

110(＊,T_3,T_6,T_7)

111(＋,prod,T_7,prod)

112(＋,i,1,i)

113(j,_,_,102)

114

4.11　给出文法 G[S]：S→SaA｜A

　　　　　　　　A→AbB｜B

　　　　　　　　B→cSd｜e

（1）请证实 AacAbcBaAdbed 是文法 G[S]的一个句型。

（2）请写出该句型的所有短语、素短语以及句柄。

（3）为文法 G[S]的每个产生式写出相应的翻译子程序,使句型 AacAbcBaAdbed 经该翻译方案后,输出为 131042521430。

【解答】　（1）根据文法 G[S]画出 AacAbcBaAdbed 对应的语法树如图 4-3 所示。

由图 4-2 可知 AacAbcBaAdbed 是文法 G[S]的一个句型。

（2）由图 4-2 可知,句型 AacAbcBaAdbed 中的短语为

　　B, BaA, cBaAd, AbcBaAd, e, cBaAdbe,

　　　cAbcBaAdbed, A, AacAbcBaAdbed

从图 4-2 可看出,句型 AacAbcBaAdbed 中相邻终结符对应的优先关系如下(层次靠下的优先级高)：

　　♯＜a≪c≪b＜c≪a＞d＞b≪e＞d＞♯

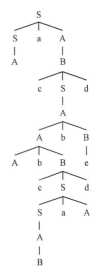

图 4-3　AacAbcBaAdbed
对应的语法树

素短语为 BaA 和 e。

句柄(最左直接短语)为 A。

(3) 采用修剪语法树的办法,按句柄方式自下而上归约,每当一个产生式得到匹配时,则按归约的先后顺序与所给的输出 131042521430 顺序进行对应。例如:第一个句柄为 A,它所对应的产生式为 S→A,所以它的语义动作应为 print("1");修剪后第二次找到的句柄为 B,它所对应的产生式为 A→B,此时它对应输出序列中的"3",即它的语义动作为 print("3"),以此类推,得到每个产生式相应的语义动作如下:

$$
\begin{array}{ll}
S \rightarrow SaA & \{\text{print}("0")\} \\
S \rightarrow A & \{\text{print}("1")\} \\
A \rightarrow AbB & \{\text{print}("2")\} \\
A \rightarrow B & \{\text{print}("3")\} \\
B \rightarrow cSd & \{\text{print}("4")\} \\
B \rightarrow e & \{\text{print}("5")\}
\end{array}
$$

第 5 章 代 码 优 化

5.1 完成以下选择题：

(1) 优化可生成_____的目标代码。

    a. 运行时间较短   b. 占用存储空间较小

    c. 运行时间短但占用内存空间大   d. 运行时间短且占用存储空间小

(2) 下列_____优化方法不是针对循环优化进行的。

    a. 强度削弱   b. 删除归纳变量

    c. 删除多余运算   d. 代码外提

(3) 基本块内的优化为_____。

    a. 代码外提,删除归纳变量   b. 删除多余运算,删除无用赋值

    c. 强度削弱,代码外提   d. 循环展开,循环合并

(4) 在程序流图中,我们称具有下述性质_____的结点序列为一个循环。

    a. 它们是非连通的且只有一个入口结点

    b. 它们是强连通的但有多个入口结点

    c. 它们是非连通的但有多个入口结点

    d. 它们是强连通的且只有一个入口结点

(5) 关于必经结点的二元关系,下列叙述中不正确的是_____。

    a. 满足自反性   b. 满足传递性

    c. 满足反对称性   d. 满足对称性

【解答】 (1) d   (2) c   (3) b   (4) d   (5) d

5.2 何谓局部优化、循环优化和全局优化? 优化工作在编译的哪个阶段进行?

【解答】 优化根据涉及的程序范围可分为三种。

(1) 局部优化是指局限于基本块范围内的一种优化。一个基本块是指程序中一组顺序执行的语句序列(或四元式序列),其中只有一个入口(第一个语句)和一个出口(最后一个语句)。对于一个给定的程序,我们可以把它划分为一系列的基本块,然后在各个基本块范围内分别进行优化。通常应用 DAG 方法进行局部优化。

(2) 循环优化是指对循环中的代码进行优化。例如,如果在循环语句中某些运算结果不随循环的重复执行而改变,那么该运算可以提到循环外,其运算结果仍保持不变,但程序运行的效率却提高了。循环优化包括代码外提、强度削弱、删除

归纳变量、循环合并和循环展开。

（3）全局优化是将整个程序作为对象，对程序进行全面分析，并采用全局信息的大范围内的优化。全局优化的基础是要进行程序的控制流分析和数据流分析。这种全局优化通常包括合并已知量和常数传递等。

优化工作可以在编译的各个阶段进行。一种优化是在目标代码生成以前，在语法分析的中间代码（如四元式）上进行的，这种优化不依赖于具体的计算机；另一种是在目标代码生成时进行的，它在很大程度上依赖于具体的计算机。

5.3   将下面程序划分为基本块并作出其程序流图。

```
        read（A，B）
        F＝1
        C＝A＊A
        D＝B＊B
        if C＜D goto L₁
        E＝A＊A
        F＝F＋1
        E＝E＋F
        write（E）
        halt
L₁：    E＝B＊B
        F＝F＋2
        E＝E＋F
        write（E）
        if E＞100 goto L₂
        halt
L₂：    F＝F－1
        goto L₁
```

【解答】   先求出四元式程序中各基本块的入口语句，即程序的第一个语句，或者能由条件语句或无条件转移语句转移到的语句，或者条件转移语句的后继语句。然后对求出的每一入口语句构造其所属的基本块，它是由该入口语句至下一入口语句（不包括该入口语句）或转移语句（包括该转移语句）或停语句（包括该停语句）之间的语句序列组成的。凡未被纳入某一基本块的语句都从程序中删除。要注意基本块的核心只有一个入口和一个出口，入口就是其中第一个语句，出口就是其中最后一个语句。如果发现某基本块有两个以上的入口或两个以上的出口，则划分基本块有误。

程序流图画法是当下述条件（1）和（2）有一个成立时，从结点 i 有一有向边引到结点 j：

（1）基本块 j 在程序中的位置紧跟在基本块 i 之后，并且基本块 i 的出口语句不是无条件转移语句 goto(s) 或停语句。

（2）基本块 i 的出口语句是 goto (s) 或 if…goto(s)，并且 (s) 是基本块 j 的入口语句。

应用上述方法求出本题所给程序的基本块及程序流图见图 5-1，图中的有向边、实线是按流图画法（1）画出的，虚线是按流图画法（2）画出的。

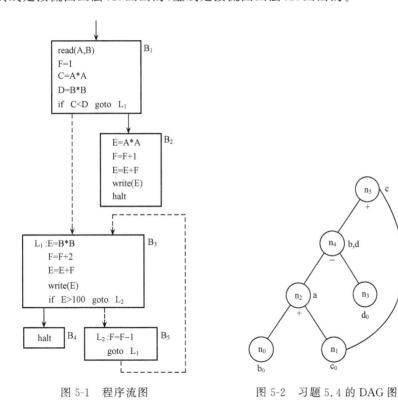

图 5-1   程序流图   图 5-2   习题 5.4 的 DAG 图

5.4   基本块的 DAG 如图 5-2 所示。若：① b 在该基本块出口处不活跃；② b 在该基本块出口处活跃；请分别给出下列代码经过优化之后的代码：

（1）a＝b＋c；   （2）b＝a－d；   （3）c＝b＋c；   （4）d＝a－d。

【解答】 ① 当 b 在出口处不活跃时，生成优化后的代码为

$$a＝b_0＋c_0$$

$$d＝a－d_0$$

$$c＝d＋c_0$$

② 当 b 在出口活跃时，生成优化后的代码为

$$a = b_0 + c_0$$
$$b = a - d_0$$
$$d = b$$
$$c = d + c_0$$

5.5　对于基本块 P：

$$S_0 = 2$$
$$S_1 = 3/S_0$$
$$S_2 = T - C$$
$$S_3 = T + C$$
$$R = S_0/S_3$$
$$H = R$$
$$S_4 = 3/S_1$$
$$S_5 = T + C$$
$$S_6 = S_4/S_5$$
$$H = S_6 * S_2$$

（1）应用 DAG 对该基本块进行优化。

（2）假定只有 R、H 在基本块出口是活跃的，试写出优化后的四元式序列。

【解答】　（1）根据 DAG 图得到优化后的四元式序列为

$$S_0 = 2$$
$$S_4 = 2$$
$$S_1 = 1.5$$
$$S_2 = T - C$$
$$S_3 = T + C$$
$$S_5 = S_3$$
$$R = 2/S_3$$
$$S_6 = R$$
$$H = S_6 * S_2$$

（2）若只有 R、H 在基本块出口是活跃的，优化后的四元式序列为

$$S_2 = T - C$$
$$S_3 = T + C$$
$$R = 2/S_3$$
$$H = R * S_2$$

5.6　试画出如下中间代码序列的程序流图，并求出：

（1）各结点的必经结点集合 $D(n)$。

（2）流图中的回边与循环。

$$J=0$$
$$L_1: I=0$$
$$\text{if}\quad I<8\ \text{goto}\ L_3$$
$$L_2: A=B+C$$
$$B=D*C$$
$$L_3: \text{if}\quad B=0\ \text{goto}\ L_4$$
$$\text{write}\ B$$
$$\text{goto}\ L_5$$
$$L_4: I=I+1$$
$$\text{if}\ I<8\ \text{goto}\ L_2$$
$$L_5: J=J+1$$
$$\text{if}\ J<=3\ \text{goto}\ L_1$$
$$\text{halt}$$

【解答】　（1）各结点的必经结点集分别为

$D(n_0)=\{n_0\}$

$D(n_1)=\{n_0,n_1\}$

$D(n_2)=\{n_0,n_1,n_2\}$

$D(n_3)=\{n_0,n_1,n_3\}$

$D(n_4)=\{n_0,n_1,n_3,n_4\}$

$D(n_5)=\{n_0,n_1,n_3,n_5\}$

$D(n_6)=\{n_0,n_1,n_3,n_6\}$

$D(n_7)=\{n_0,n_1,n_3,n_6,n_7\}$

程序流图如图 5-3 所示。

由于有 $n_5 \rightarrow n_2$ 和 $n_6 \rightarrow n_1$，而 n_2 不是 n_5 的必经结点，n_1 是 n_6 的必经结点，所以 $n_6 \rightarrow n_1$ 为回边。即该回边表示的循环为 $\{n_1,n_2,n_3,n_4,n_5,n_6\}$，入口结点为 n_1，出口结点为 n_6。

5.7　证明：如果已知有向边 $n \rightarrow d$ 是一回边，则由结点 d、结点 n 以及有通路到达 n 而该通路不经过 d 的所有结点组成一个循环。

【解答】　根据题意画出示意图，如图 5-4 所示。

证明过程如下：

（1）令结点 d、结点 n 以及有通路到达 n 而该通路不经过 d 的所有结点构成集合 L（即图 5-4 中的全部结点），则 L 必定是强连通的。为了证明这一点，令 M＝L－{d,n}。由 L 的组成成分可知 M 中每一结点 n_i 都可以不经过 d 而到达 n。又因 d DOM n（已知 $n \rightarrow d$ 为回边，由回边定义知必有 d DOM n），所以必有 d DOM

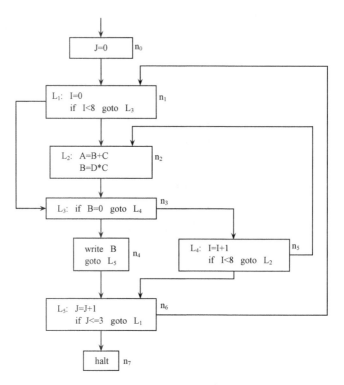

图 5-3　习题 5.6 的程序流图

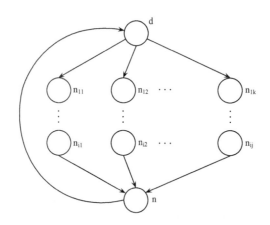

图 5-4　具有回边 n→d 的流图

n_i，如图 5-4 所示。如不然，则从首结点就可以不经过 d 而到达 n_i，从而也可以不经过 d 到达 n，这与 d DOM n 矛盾。

　　因 d DOM n_i，所以 d 必有通路到达 M 中任一结点 n_i，而 M 中任一结点又可以通过 n 到达 d（n→d 为回边），从而 M 中任意两个结点之间必有一通路，L 中任意两个结点之间亦必有一通路。此外,由 M 中结点性质可知:d 到 M 中任一结点 n_i 的通路上所有结点都应属于 M,n_i 到 n 的通路上所有结点也都属于 M。因此,L 中任意两结点间通路上所有结点都属于 L,也即,L 是强连通的。

(2) 因为对所有 $n_i \in L$,都有 d DOM n_i,所以 d 必为 L 的一个入口结点。我们说 d 也一定是 L 的唯一入口结点。如不然,必有另一入口结点 $d_1 \in L$ 且 $d_1 \neq d$。d_1 不可能是首结点,否则 d DOM n 不成立(因为有 d DOM d_1,如果 d_1 是首结点,则 d 就是首结点 d_1 的必经结点,则只能是 d=d_1,与 d≠d_1 矛盾)。现设 d_1 不是首结点,且设 d_1 在 L 之外的前驱是 d_2,那么,d_2 和 n 之间必有一条通路 $d_2 \rightarrow d_1 \rightarrow \cdots \rightarrow n$,且该通路不经过 d,从而 d_2 应属于 M,这与 $d_2 \in L$ 矛盾。所以不可能存在上述结点 d_1,也即 d 是循环的唯一入口结点。

至此,我们已经满足了循环的定义:循环是程序流图中具有唯一入口结点的强连通子图,也即,L 是包含回边 n→d 的循环,d 是循环的唯一入口结点。

5.8   对下面四元式代码序列:

$$A = 0$$
$$I = 1$$
$$L_1: B = J + 1$$
$$C = B + I$$
$$A = C + A$$
$$\text{if } I = 100 \text{ goto } L_2$$
$$I = I + 1$$
$$\text{goto } L_1$$
$$L_2: \text{write } A$$
$$\text{halt}$$

(1) 画出其控制流程图。

(2) 求出循环并进行循环的代码外提和强度削弱优化。

【解答】 (1) 在构造程序的基本块的基础上画出该程序的流图,如图 5-5 所示。

(2) 很容易看出,$B_3 \rightarrow B_2$ 是流图中的一条有向边,并且有 B_2 DOM B_3,故 $B_3 \rightarrow B_2$ 为流图中的一条回边。循环可通过回边求得,即找出由结点 B_2、结点 B_3 以及有通路到达 B_3 但不经过 B_2 的所有结点。所以,由回边组成的 $B_3 \rightarrow B_2$ 循环是{B_2,B_3}。

进行代码外提就是将循环中的不变运算外提到循环入口结点前新设置的循环前置结点中。经检查,找出的不变运算为 B_2 中的 B=J+1,因此,代码外提后的程序流图如图 5-6 所示。

我们知道,强度削弱不仅可对乘法运算进行,也可对加法运算进行。由于本题中的四元式程序不存在乘法运算,所以只能进行加法运算的强度削弱。从图 5-5

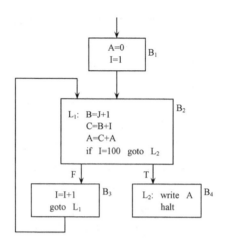

图 5-5　习题 5.8 的程序流图

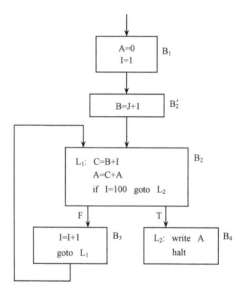

图 5-6　习题 5.8 中代码外提后的程序流图

中可以看到,B_2 中的 C=B+I,变量 B 因代码外提其定值点已在循环之外,故相当于常数。而另一加数 I 值由 B_3 中的 I=I+1 决定,即每循环一次 I 值增 1;也即每循环一次,B_2 中的 C=B+I 其 C 值增量与 B_3 中的 I 相同,即常数 1。因此,我们可以对 C 进行强度削弱,即将 B_2 中的四元式 C=B+I 外提到前置结点 B_2' 中,同时在 B_3 中 I=I+1 之后给 C 增加一个常量 1。进行强度削弱后的结果如图 5-7 所示。

　　5.9　某程序流图如图 5-8 所示。

　　(1)给出该流图中的循环。

　　(2)指出循环不变运算。

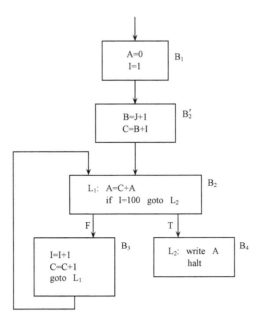

图 5-7　习题 5.8 中强度削弱后的程序流图

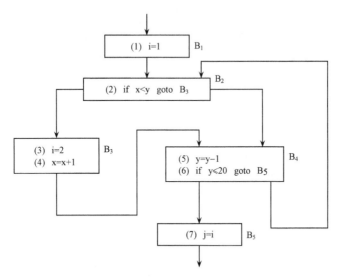

图 5-8　习题 5.9 的程序流图

（3）指出哪些循环不变运算可以外提。

【解答】　（1）流图中的循环为{B₂,B₃,B₄}。

（2）B₃ 中的 i=2 是循环不变运算。

（3）循环不变运算外提的条件是：

① 该不变运算所在的结点是循环所有出口结点的必经结点；

② 当把循环不变运算 A＝B op C(B 或 op C 可以没有)外提时，要求循环中其他地方不再有 A 的定值点；

③ 当把循环不变运算 A＝B op C 外提时，要求循环中 A 的所有引用点都是而且仅仅是这个定值所能到达的。

由于 i＝2 所在的结点不是循环所有出口结点的必经结点，故不能外提。

5.10 一程序流图如图 5-9 所示，试分别对其进行代码外提、强度削弱和删除归纳变量等优化。

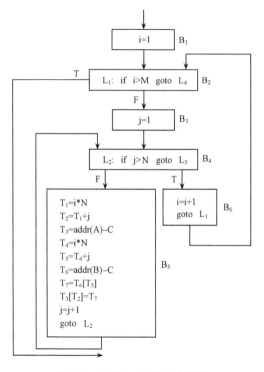

图 5-9 习题 5.10 的程序流图

【解答】 由图 5-9 可知，$B_5 \rightarrow B_4$ 与 $B_6 \rightarrow B_2$ 为流图的有向边，从而有

$$D(B_5) = \{B_1, B_2, B_3, B_4, B_5\}$$
$$D(B_6) = \{B_1, B_2, B_3, B_4, B_6\}$$

故有 B_4 DOM B_5 和 B_2 DOM B_6，因此 $B_5 \rightarrow B_4$ 和 $B_6 \rightarrow B_2$ 为回边(其余都不是回边)，即分别组成了循环 $\{B_4, B_5\}$、$\{B_2, B_3, B_4, B_5, B_6\}$。

对循环 $\{B_4, B_5\}$、$\{B_2, B_3, B_4, B_5, B_6\}$ 进行代码外提、强度削弱和删除归纳变量等优化后，其优化后的程序流图如图 5-10 所示。

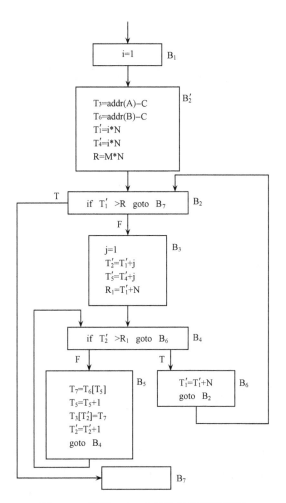

图 5-10 习题 5.10 中优化后的程序流图

第6章 目标程序运行时存储空间的组织

6.1 完成下列选择题：

（1）过程的 DISPLAY 表中记录了_____。

    a. 过程的连接数据   b. 过程的嵌套层次

    c. 过程的返回地址   d. 过程的入口地址

（2）过程 P_1 调用 P_2 时，连接数据不包含_____。

    a. 嵌套层次显示表   b. 老 SP

    c. 返回地址   d. 全局 DISPLAY 地址

（3）堆式动态分配申请和释放存储空间遵守_____原则。

    a. 先请先放   b. 先请后放

    c. 后请先放   d. 任意

（4）栈式动态分配与管理在过程返回时应做的工作有_____。

    a. 保护 SP   b. 恢复 SP

    c. 保护 TOP   d. 恢复 TOP

（5）如果活动记录中没有 DISPLAY 表，则说明_____。

    a. 程序中不允许有递归定义的过程

    b. 程序中不允许有嵌套定义的过程

    c. 程序中既不允许有嵌套定义的过程，也不允许有递归定义的过程

    d. 程序中允许有递归定义的过程，也允许有嵌套定义的过程

【解答】　（1）b　　（2）a　　（3）d　　（4）b　　（5）b

6.2　何谓嵌套过程语言运行时的 DISPLAY 表？它的作用是什么？

【解答】　当过程定义允许嵌套时，一个过程在运行中应能够引用在静态定义时包围它的任一外层过程所定义的变量或数组。也就是说，在栈式动态存储分配方式下的运行中，一个过程 Q 可能引用它的任一外层过程 P 的最新活动记录中的某些数据，因此，过程 Q 运行时必须知道它的所有（静态）外层过程的最新活动记录的地址。由于允许递归和可变数组，这些外层过程的活动记录的位置也往往是变迁的，因此，必须设法跟踪每个（静态）外层的最新活动记录的位置，而完成这一功能的就是 DISPLAY 嵌套层次显示表。

也即，每当进入一个过程后，在建立它的活动记录区的同时也建立一张 DISPLAY 表，它自顶而下每个单元依次存放着现行层、直接外层等，直至最外层（主程序层）等每一层过程的最新活动记录的起始地址。

6.3　（1）写出实现一般递归过程的活动记录结构以及过程调用、过程进入与过程返回的指令。

（2）对以 return（表达式）形式（这个表达式本身是一个递归调用）返回函数值的特殊函数过程，给出不增加时间开销但能节省存储空间的实现方法。假定语言中过程参数只有传值和传地址两种形式，为便于理解，举下例说明这种特殊的函数调用：

```
int gcd (int p, int q)
{
    if (p % q == 0) return q;
    else return gcd (q, p % q);
}
```

【解答】　（1）一般递归过程的活动记录如图 6-1 所示。

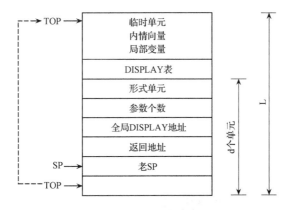

图 6-1　递归过程的活动记录

过程调用指令为：

$(i+4)[\text{TOP}] = T_i$　或　$(i+4)[\text{TOP}] = \text{addr}[T_i]$

$1[\text{TOP}] = \text{SP}$

$3[\text{TOP}] = \text{SP} + d$

$4[\text{TOP}] = n$

JSR P

过程进入指令为：

$\text{SP} = \text{TOP} + 1$

$1[\text{SP}] = 返回地址$

$\text{TOP} = \text{TOP} + L$

建立 DISPLAY

P；　　　　/ ∗ 执行 P 过程 ∗ /

返回指令为：

$$TOP = SP - 1$$
$$SP = 0[SP]$$
$$X = 2[TOP]$$
$$UJ\ 0[X]$$

(2) 对于 return 后的直接递归情况，可简化为

$$(i+3)[SP] = T_i \quad 或 \quad (i+3)[SP] = addr\,[T_i]$$
$$UJ\ P$$

6.4　有一程序如下：

```
program ex;
    a: integer;
    procedure  PP (x: integer);
        begin:
            x: = 5;   x: = a + 1
        end;
    begin
        a: = 2;
        PP (a);
        write (a)
    end.
```

试用图表示 ex 调用 PP(a)前后活动记录的过程。

【解答】　按照嵌套过程语言栈式实现方法，ex 调用 PP(a)前后活动记录的过程如图 6-2 所示。

6.5　类 PASCAL 结构(嵌套过程)的程序如下，该语言的编译器采用栈式动态存储分配策略管理目标程序数据空间。

```
program Demo
    procedure A;
    procedure B;
        begin ( * B * )
            ...
            if d then B else A;
            ...
        end; ( * B * )
        begin ( * A * )
            B
```

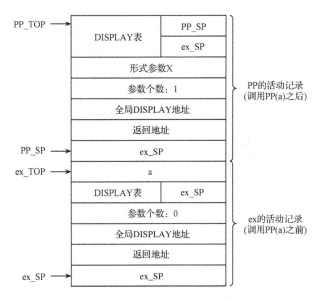

图 6-2　ex 调用 PP(a) 前后的活动记录

```
        end;（＊A＊）
    begin（＊Demo＊）
        A
    end.
```

（1）若过程调用序列为：

① Demo→A；② Demo→A→B；③ Demo→A→B→B；④ Demo→A→B→B→A；请分别给出这四个时刻运行栈的布局和使用的 DISPLAY 表。

（2）若该语言允许动态数组，编译程序应如何处置？如过程 B 有动态局部数组 R[m：n]，请给出 B 第 1 次激活时相应的数据空间的情况。

【解答】　（1）运行栈及使用的 DISPLAY 表如图 6-3 所示。

（2）一个过程在运行时所需的实际数据空间的大小，除可变数据结构（可变数组）那些部分外，其余部分在编译时是完全可以知道的。编译程序处理时将过程运行时所需的数据空间分为两部分：一部分在编译时可确定其体积，称为该过程的活动记录；另一部分（动态数组）的体积需在运行时动态确定，称为该过程的可变辅助空间。当一个过程开始工作时，首先在运行栈顶部建立它的活动记录，然后再在这个记录之顶确定它所需的辅助空间。含有动态数组 R 的过程 B 在第一次激活时，相应的数据空间情况如图 6-4 所示。

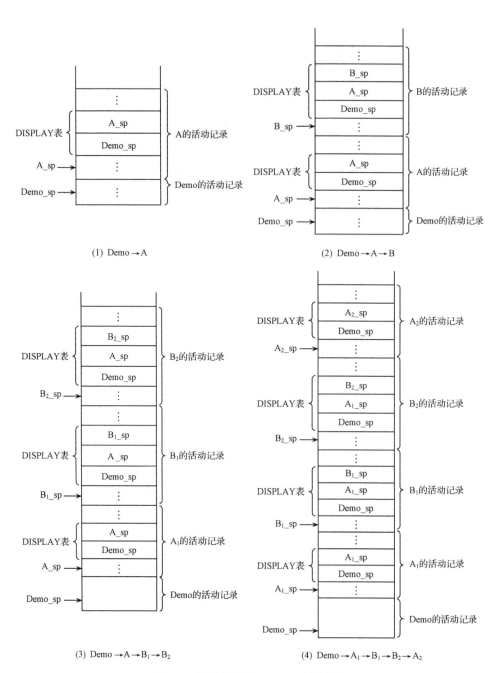

(1) Demo→A

(2) Demo→A→B

(3) Demo→A→B₁→B₂

(4) Demo→A₁→B₁→B₂→A₂

图 6-3 运行栈及 DISPLAY 表示意图

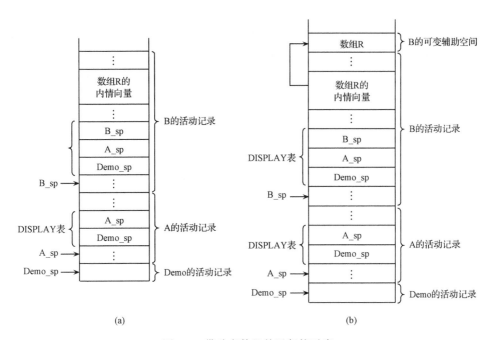

图 6-4　带动态数组的运行栈示意

(a) 动态数组 R 空间分配之前；(b) 动态数组 R 空间分配之后

6.6　下面程序的结果是 120,但是如果把第 5 行的 abs(1)改成 1 的话,则程序结果为 1。试分析为什么会有这种不同的结果。

```
int fact ()
{
    static int i = 5;
    if (i == 0){return (1);}
    else {i = i - 1; return ((i + abs(1)) * fact ());}
}
main ()
{
    printf ("factor or 5 = %d\n", fact ());
}
```

【解答】 i是静态变量,所有对i的操作实际上都是对i所对应的存储单元进行操作,每次递归进入下一层 fact 函数后,上一层对i的赋值仍然有效。需要注意的是,每次递归调用时,(i + abs(1)) * fact()中的(i + abs(1))的值都先于 fact 算出。因此,第一次递归调用所求得的值为 5 * fact,第二次递归调用所求得的值为 4 * fact,…,一直到第五次递归调用所求得的值为 1 * fact,而此时 fact 为 1。也即实际上是求一个 5 * 4 * 3 * 2 * 1 的阶乘,由此得到结果为 120。

将 abs(1)改为 1 后,输出结果为 1 而不是 120,这主要是与编译的代码生成策略有关。对表达式(i+abs(1)) * fact(),因为两个子表达式(i+abs(1))和 fact()都有函数调用,而编译器的编译则是先产生左子表达式的代码,后产生右子表达式的代码。也即,每次递归调用时,(i+abs(1)) * fact()中的(i+abs(1))的值都先于 fact 算出。但是,当 abs(1)改为 1 后,左子表达式就没有函数调用了,于是编译器就先产生右子表达式的代码。每次递归调用时,(i+1) * fact()中的(i+1)值都后于 fact 计算。也即,第一次递归调用得到(i+1) * fact,第二次递归调用得到(i+1) * fact,第三次递归调用仍得到(i+1) * fact,…,直到第五次递归调用还是得到(i+1) * fact,而此时 fact 为 1,i 为 0。因此,每次递归所求实际上都是 1 * fact,最终得到输出结果为 1。

第7章　目标代码生成

7.1　对下列四元式序列生成目标代码：
$$T=A-B$$
$$S=C+D$$
$$W=E-F$$
$$U=W/T$$
$$V=U*S$$

其中，V 是基本块出口的活跃变量，R_0 和 R_1 是可用寄存器。

【解答】　简单代码生成算法依次对四元式进行翻译。我们以四元式 $T=a+b$ 为例来说明其翻译过程。

汇编语言的加法指令代码形式为

ADD R, X

其中，ADD 为加法指令；R 为第一操作数，第一操作数必须为寄存器类型；X 为第二操作数，它可以是寄存器类型，也可以是内存型的变量。ADD R, X 指令的含意是：将第一操作数 R 与第二操作数相加后，再将累加结果存放到第一操作数所在的寄存器中。要完整地翻译出四元式 $T=a+b$，则可能需要下面三条汇编指令：

MOV R, a

ADD R, b

MOV T, R

第一条指令是将第一操作数 a 由内存取到寄存器 R 中；第二条指令完成加法运算；第三条指令将累加后的结果送回内存中的变量 T。是否在翻译成目标代码时都必须生成这三条汇编指令呢？从目标代码生成的优化角度考虑，即为了使生成的目标代码更短以及充分利用寄存器，上面的三条指令中，第一条和第三条指令在某些情况下是不必要的。这是因为，如果下一个四元式紧接着需要引用操作数 T，则第三条指令就不急于生成，可以推迟到以后适当的时机再生成。

此外，如果必须使用第一条指令，即第一操作数不在寄存器而是在内存中，且此时所有可用寄存器都已分配完毕，这时就要根据寄存器中所有变量的待用信息（也即引用点）来决定淘汰哪一个寄存器留给当前的四元式使用。寄存器的淘汰策略如下：

（1）如果某寄存器中的变量已无后续引用点且该变量是非活跃的，则可直接将该寄存器作为空闲寄存器使用。

（2）如果所有寄存器中的变量在基本块内仍有引用点且都是活跃的,则将引用点最远的变量所占用寄存器中的值存放到内存与该变量对应的单元中,然后再将此寄存器分配给当前的指令使用。

因此,本题所给四元式序列生成的目标代码如下:

MOV R_0, A

SUB R_0, C　　　　/ * $R_0 = T$ * /

MOV R_1, C

ADD R_1, D　　　　/ * $R_1 = S$ * /

MOV S, R_1　　　　/ * S 引用点较 T 引用点远,故将 R_1 的值送内存单元 S * /

MOV R_1, E

SUB R_1, F　　　　/ * $R_1 = W$ * /

SUB R_1, R_0　　　　/ * $R_1 = U$ * /

MUL R_1, S　　　　/ * $R_1 = V$ * /

7.2　假设可用的寄存器为 R_0 和 R_1,且所有临时单元都是非活跃的,试将以下四元式基本块:

$$T_1 = B - C$$
$$T_2 = A * T_1$$
$$T_3 = D + 1$$
$$T_4 = E - F$$
$$T_5 = T_3 * T_4$$
$$W = T_2 / T_5$$

用简单代码生成算法生成其目标代码。

【解答】　该基本块的目标代码如下(指令后面为相应的注释):

MOV R_0, B　　　　/ * 取第一个空闲寄存器 R_0 * /

SUB R_0, C　　　　/ * 运算结束后 R_0 中为 T_1 结果,内存中无该结果 * /

MOV R_1, A　　　　/ * 取一个空闲寄存器 R_1 * /

MUL R_1, R_0　　　　/ * 运算结束后 R_1 中为 T_2 结果,内存中无该结果 * /

MOV R_0, D　　　　/ * 此时 R_0 中结果 T_1 已经没有引用点,且临时单元 T_1 是非活跃的,所以,寄存器 R_0 可作为空闲寄存器使用 * /

ADD R_0, ″1″　　　　/ * 运算结束后 R_0 中为 T_3 结果,内存中无该结果 * /

MOV T_2, R_1　　　　/ * 翻译四元式 $T_4 = E - F$ 时,所有寄存器已经分配完毕,寄存器 R_0 中存的 T_3 和寄存器 R_1 中存的 T_2 都是有用的。由于 T_2 的下一个引用点较 T_3 的下一个引用点更远,所以暂时可将寄存器 R_1 中的结果存回到内存的变量 T_2 中,从而将寄存器 R_1 空闲以备使用 * /

MOV R₁，E

SUB R₁，F　　　　／* 运算结束后 R₁ 中为 T₄ 结果，内存中无该结果 * /

MUL R₀，R₁　　　　／* 运算结束后 R₀ 中为 T₅ 结果，内存中无该结果。

注意，该指令将寄存器 R₀ 中原来的结果 T₃ 冲掉了。

可以这么做的原因是，T₃ 在该指令后不再有引用点，

且是非活跃变量 * /

MOV R₁，T₂　　　　／* 此时 R₁ 中结果 T₄ 已经没有引用点，且临时单元 T₄ 是

非活跃的，因此寄存器 R₁ 可作为空闲寄存器使用 * /

DIV R₁，R₀　　　　／* 运算结束后 R₁ 中为 W 结果，内存中无该结果。

此时所有指令部分已经翻译完毕 * /

MOV W，R₁　　　　／* 指令翻译完毕时，寄存器中存有最新的计算结果，必须

将它们存回到内存相应的单元中去，否则，在翻译下一

个基本块时，所有的寄存器被当成空闲的寄存器使用，

从而造成计算结果的丢失。

考虑到寄存器 R₀ 中的 T₅ 和寄存器 R₁ 中的 W，临时

单元 T₅ 是非活跃的，因此只要将结果 W 存回对应单

元即可 * /

7.3　对基本块 P：

$$S_0 = 2$$
$$S_1 = 3/S_0$$
$$S_2 = T - C$$
$$S_3 = T + C$$
$$R = S_0/S_3$$
$$H = R$$
$$S_4 = 3/S_1$$
$$S_5 = T + C$$
$$S_6 = S_4/S_5$$
$$H = S_6 * S_2$$

（1）试应用 DAG 进行优化。

（2）假定只有 R、H 在基本块出口是活跃的，写出优化后的四元式序列。

（3）假定只有两个寄存器 AX、BX，试写出上述优化后的四元式序列的目标代码。

【解答】　（1）根据 DAG 的构造算法构造基本块 P 的 DAG 步骤如图 7-1 所示的（a）～（h）。

按图 7-1（h）和原来构造结点的顺序，优化后的四元式序列为

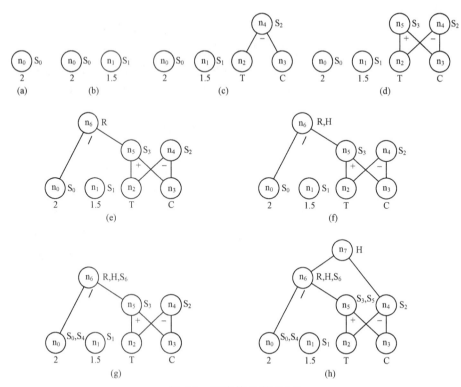

图 7-1　基本块 P 的 DAG

$$S_0 = 2$$
$$S_4 = 2$$
$$S_1 = 1.5$$
$$S_2 = T - C$$
$$S_3 = T + C$$
$$S_5 = S_3$$
$$R = 2/S_3$$
$$S_6 = R$$
$$H = S_6 * S_2$$

（2）假定只有 R、H 在基本块出口是活跃的,则上述优化后的四元式序列可进一步优化为

$$S_0 = T - C$$
$$S_3 = T + C$$
$$R = 2/S_3$$
$$H = R * S_2$$

（3）假定只有两个寄存器 AX、BX,上述优化后的四元式序列的目标代码为

$$
\begin{array}{ll}
\text{MOV} & \text{AX, T} \\
\text{SUB} & \text{AX, C} \\
\text{MOV} & \text{AX, S}_2 \\
\text{MOV} & \text{AX, T} \\
\text{ADD} & \text{AX, C} \\
\text{MOV} & \text{BX, 2} \\
\text{DIV} & \text{BX} \\
\text{MOV} & \text{AX, S}_2 \\
\text{MUL} & \text{BX} \\
\text{MOV} & \text{BX, H} \\
\end{array}
$$

7.4 参考附录 1 和附录 2,将下列汇编程序片段翻译为对应的 8086/8088 机器语言代码(汇编地址由 1000 开始):

```
MOV   AX, 01
MOV   BX, 10
CMP   AX, BX
JA    L1
ADD   AX, BX
L1:
```

【解答】 该汇编程序片段翻译如下:

地址	机器码
1000	B80100
1003	BB1000
1006	39D8
1008	7702
100A	01D8
100C	

第8章 符号表与错误处理

8.1 完成下列选择题：

（1）编译程序使用_____区别标识符的作用域。

    a. 说明标识符的过程或函数名

    b. 说明标识符的过程或函数的静态层次

    c. 说明标识符的过程或函数的动态层次

    d. 标识符的行号

（2）在目标代码生成阶段,符号表用于_____。

    a. 目标代码生成   b. 语义检查

    c. 语法检查   d. 地址分配

（3）错误的局部化是指_____。

    a. 把错误理解成局部的错误

    b. 对错误在局部范围内进行纠正

    c. 当发现错误时,跳过错误所在的语法单位继续分析下去

    d. 当发现错误时立即停止编译,待用户改正错误后再继续编译

【解答】 （1）b   （2）d   （3）c

8.2 在编译过程中为什么要建立符号表?

【解答】 在编译过程中始终要涉及对一些语法符号的处理,这就需要用到语法符号的相关属性。为了在需要时能找到这些语法成分及其相关属性,就必须使用一些表格来保存这些语法成分及其属性,这些表格就是符号表。

8.3 对出现在各个分程序中的标识符,扫描时是如何处理的?

【解答】 对扫描到各分程序中的标识符的处理方法如下:

（1）当在一个分程序首部某说明中扫描到一个标识符时,就以此标识符查找相应于本层分程序的符号表。如果符号表中已有此名字的登记项,则表明此标识符已被重复说明(定义),应按语法错误进行处理;否则,在符号表中新登记一项并将此标识符及有关信息(种属、类型、所分配的内存单元地址等)填入。

（2）当在一分程序的语句中扫描到一个标识符时,首先在该层分程序的符号表中查找此标识符;若查不到,则继续在其外层分程序的符号表中查找。如此下去,一旦在某一外层分程序的符号表中找到标识符,则从表中取出有关的信息并作相应的处理;如果查遍所有外层分程序的符号表都无法找到此标识符,则表明程序中使用了一个未经说明(定义)的标识符,此时可按语法错误予以处理。

8.4 对下列程序,当编译程序编译到箭头所指位置时,画出其层次表(分程序

索引表)和符号表：

```
program stack (output);
    var m, n:integer;
    r:real;
    procedure setup (ns:integer, check:real);
        var k, l:integer;
        function total (var at:integer, nt:integer):integer;
            var i, sum:integer;
            begin
                for i: = 1 to nt do sum: = sum + at[i];
                total: = sum;
            end;
        begin
            l: = 27 + total(a,ns);        ←─────────────
        end;
    begin
        n: = 4;
        setup(n,5.75)
    end.
```

【解答】 编译程序编译到箭头所指位置时,其层次表(分程序索引表)和符号表如图 8-1 所示。

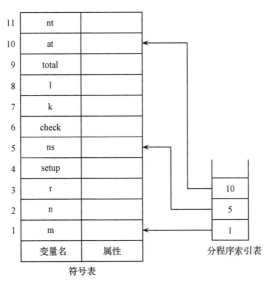

图 8-1 分程序索引表和符号表示意图

8.5 已知文法 G[S]：S→while (e) S

S→{L}

S→a   /＊a 代表赋值句＊/

L→S;L

L→S

构造该文法的 LR 型的错误校正分析程序。

【解答】 首先将文法 G[S]拓广为 G[S′]：

G[S′]：(0) S′→S

(1) S→while e do S

(2) S→begin L end

(3) S→a

(4) L→S

(5) L→S;L

则文法 G[S′]的 LR(0)项目集示范族为

I_0 : S′→ ・ S

S→ ・ while e do S

S→ ・ begin L end

S→ ・ a

I_1 : S′→S ・

I_2 : S→while ・ e do s

I_3 : S→begin ・ L end

L→ ・ S

L→ ・ S;L

S→ ・ while e do s

S→ ・ begin L end

S→ ・ a

I_4 : S→a ・

I_5 : S→while e ・ do s

I_6 : S→begin L ・ end

I_7 : L→S ・

L→S ・ ;L

I_8 : S→while e do ・ S

S→ ・ while e do s

S→ ・ begin L end

S→ ・ a

I_9 : S→begin L end ・

I_{10} : L→S; ・ L

L→ ・ S

L→ ・ S;L

S→ ・ while e do S

S→ ・ begin L end

S→ ・ a

I_{11} : S→while e do S ・

I_{12} : L→S;L ・

将这些项目集的转换函数 GO 表示为如图 8-2 所示的 DFA。

在 LR(0)项目集规范族中，只有 I_7 含有"移进"/"归约"冲突，且该冲突可用 SLR(1)方法解决。为此计算文法 G[S′]中每个非终结符的 FOLLOW 集如下：

FOLLOW(S′)＝{ ♯ }

FOLLOW(S)＝{end, ; , ♯ }

FOLLOW(L)＝{end}

由此构造出包括错误校正处理子程序的 SLR(1)分析表如表 8-1 所示。

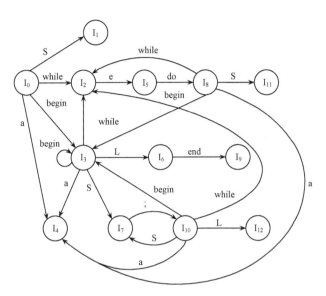

图 8-2　习题 8.5 中文法 G[S′]的 DFA

表 8-1　习题 8.5 的 SLR(1)分析表

状态	ACTION								GOTO	
	while	begin	do	end	a	;	e	♯	S	L
0	s_2	s_3	e_0	e_0	s_4	e_0	e_0	e_7	1	
1	e_0	e_0	e_0	e_0	e_0	e_0	e_0	acc		
2	e_0	e_1	e_3	e_0	e_1	e_0	s_5	e_1		
3	s_2	s_3	e_0	e_2	s_4	e_2	e_0	e_2	7	6
4	e_4	e_4	e_0	r_3	e_4	r_3	e_0	r_3		
5	e_5	e_5	s_8	e_0	e_5	e_0	e_0	e_1		
6	e_6	e_6	e_0	s_9	e_6	e_0	e_0	e_6		
7	e_4	e_4	e_0	r_4	e_4	s_{10}	e_0	e_4		
8	s_2	s_3	e_0	e_2	s_4	e_2	e_0	e_2	11	
9	e_4	e_4	e_0	r_2	e_4	r_2	e_0	r_2		
10	s_2	s_3	e_0	e_2	s_4	e_0	e_0	e_2	7	12
11	e_4	e_4	e_0	r_1	e_4	r_1	e_0	r_1		
12	e_6	e_6	e_0	r_5	e_6	e_6	e_0	e_6		

　　由表中可以看出，在状态 7 面对输入符号为"；"时移进，而面对输入符号为"end"时为归约。表中 e_i(i=1～7)代表不同的错误处理子程序，其含义和功能分别如下：

（1）输出符号错处理程序 e_0：删除当前输入符号，显示出错信息"输入符号错"。

（2）输入不匹配错误处理程序 e_1：去除栈顶状态和栈顶符号，显示出错信息"输入不匹配"。

（3）缺语句错误处理程序 e_2：将假想符号 a 与状态 4 压栈，显示出错信息"缺少语句"。

（4）while 语句缺少布尔量处理程序 e_3：将假想符号 e 与状态 5 压栈，显示出错信息"缺布尔量"。

（5）缺少分号错误处理程序 e_4：将分号"；"插入未扫描的输入串首，显示出错信息"缺少分号"。

（6）while 语句缺少 do 处理程序 e_5：将符号"do"与状态 8 压栈，显示出错信息"缺少 do"。

（7）begin 与 end 不配对，缺少 end 处理程序 e_6：将符号"end"与状态 9 压栈，显示出错信息"缺少 end"。

（8）缺少语句错误处理 e_7：将假想符号 a 插入未扫描的输入串首，显示出错信息"缺少语句"。

第二篇

上机指导

第9章 小型编译程序介绍

9.1 小型编译程序结构

编译程序的工作贯穿于从输入源程序开始到输出目标程序为止的整个过程，是非常复杂的。一般来说，整个过程可以划分成五个阶段：词法分析、语法分析、中间代码生成、优化和目标代码生成。

第一阶段为词法分析。词法分析的任务是输入源程序，对构成源程序的字符串进行扫描和分解，识别出一个个单词符号，如保留字、标识符、常数、算符和界符等。

第二阶段为语法分析。语法分析的任务是在词法分析的基础上，根据语言的语法规则（文法规则）把单词符号串分解成各类语法单位（语法范畴），如"短语"、"子句"、"句子"、"程序段"和"程序"。通过语法分析确定整个输入串是否构成一个语法上正确的"程序"。

第三阶段为中间代码产生。按语言的语义将语法分析出来的语法单位翻译成中间代码。一般而言，中间代码是一种独立于具体硬件的记号系统，但它与计算机的指令形式有某种程度的接近，或者能够比较容易地把它变换成计算机的机器指令。常用的中间代码有四元式、三元式、间接三元式和逆波兰记号等。

第四阶段为优化。优化的任务在于对前阶段产生的中间代码进行加工变换，以期在最后阶段能产生出更为高效（节省时间和空间）的目标代码。

第五阶段为目标代码生成。这一阶段的任务是把中间代码（或经优化处理之后）变换成特定机器上的绝对指令代码或可重新定位的指令代码或汇编指令代码。这一阶段实现了最后的翻译，它的工作有赖于硬件系统结构和机器指令含义。

上述编译过程的五个阶段是编译程序工作时的动态特征，编译程序的结构可以按照这五个阶段的任务分模块进行设计。编译程序的结构示意如图 9-1 所示。

我们设计的小型编译程序包含词法分析、语法分析和中间代码生成等三个阶段。

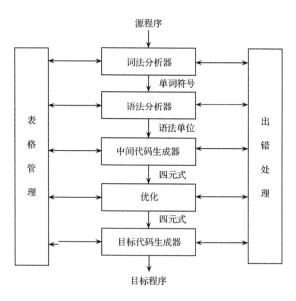

图 9-1 编译程序结构示意

9.2 小型编译程序关于高级语言的规定

高级语言程序具有四种基本结构:顺序结构、选择结构、循环结构和过程。为了便于掌握编译的核心内容,突出重点,简化编译程序的结构,同时又涵盖高级语言程序的基本结构,我们选取赋值语句、if 语句和 while 语句作为前三种结构的代表,略去了过程结构。实际上,上述三种语句已经基本满足了高级语言的程序设计。因此,我们仅考虑由下面产生式所定义的程序语句:

S→if B then S else S|while B do S|begin L end|A

L→S;L|S

A→i:=E

B→B∧B|B∨B|¬ B|(B)|i rop i|i

E→E+E|E * E|(E)|i

其中,各非终结符的含义如下:

S——语句;

L——语句串;

A——赋值句;

B——布尔表达式;

E——算术表达式。

各终结符的含义如下：

i ——整型变量或常数，布尔变量或常数；

rop ——六种关系运算符的代表；

; ——起语句分隔符作用；

:= ——赋值符号；

¬ ——逻辑非运算符"not"；

∧ ——逻辑与运算符"and"；

∨ ——逻辑或运算符"or"；

＋ ——算术加运算符；

＊ ——算术乘运算符；

（ ——左括号；

） ——右括号。

注意，六种关系运算符分别为

＜小于　　　＜＝小于等于　　　＜＞不等于

＞大于　　　＞＝大于等于　　　＝等于

关于表达式的运算，我们规定由高到低优先顺序为算术运算、关系运算、布尔运算；并且服从左结合规则。算术运算符优先级的顺序依次为"（）"、"＊"、"＋"；布尔运算符优先级的顺序依次为"¬"、"∧"、"∨"；六个关系运算符优先级相同。

我们规定的程序是由一条语句或由 begin 和 end 嵌套起来的复合语句组成的，并且规定在语句末要加上"♯～"表示程序结束。下面给出的是符合规定的程序示例：

```
begin
    A: = A + B * C;
    C: = A + 2;
    while A＜C and B＜D do
        while A＞B do
            if M = N then C: = D
            else while A＜ = D do
                A: = D
end♯ ～
```

9.3 小型编译程序关于单词的内部定义

由于我们规定的程序语句中涉及单词较少，故在词法分析阶段忽略了单词输入错误的检查，而将编译程序的重点放在中间代码生成阶段。词法分析器的功能

是输入源程序,输出单词符号。我们规定输出的单词符号格式为如下的二元式:

(单词种别,单词自身的值)

我们对常量、变量、临时变量、保留关键字(if、while、begin、end、else、then、do等)、关系运算符、逻辑运算符、分号、括号等,规定其内部定义如表 9-1 所示。

表 9-1　关于单词的内部定义

符　号	种别编码	说　明
sy_if	0	保留字　if
sy_then	1	保留字　then
sy_else	2	保留字　else
sy_while	3	保留字　while
sy_begin	4	保留字　begin
sy_do	5	保留字　do
sy_end	6	保留字　end
a	7	赋值语句
semicolon	8	";"
e	9	布尔表达式
jinghao	10	"#"
S	11	语句
L	12	复合语句
tempsy	15	临时变量
EA	18	B and(即布尔表达式中"B∧")
EO	19	B or(即布尔表达式中"B∨")
plus	34	"+"
times	36	"*"
becomes	38	":="
op_and	39	"and"
op_or	40	"or"
op_not	41	"not"
rop	42	关系运算符
lparent	48	"("
rparent	49	")"
ident	56	变量
intconst	57	整常量

9.4　小型编译程序的 LR 分析表

1. 算术表达式的 LR 分析表

算术表达式文法 G[E]如下：

$$E \to E + E \mid E * E \mid (E) \mid i$$

将文法 G[E]拓广为文法 G′[E]：(0) $S' \to E$

(1) $E \to E + E$

(2) $E \to E * E$

(3) $E \to (E)$

(4) $E \to i$

由此得到算术表达式的 SLR(1)分析表如表 9-2 所示。

表 9-2　算术表达式的 SLR(1)分析表

状态	ACTION						GOTO
	i	+	*	(	)	#	E
0	s_3			s_2			1
1		s_4	s_5			acc	
2	s_3			s_2			6
3		r_4	r_4		r_4	r_4	
4	s_3			s_2			7
5	s_3			s_2			8
6		s_4	s_5		s_9		
7		r_1	s_5		r_1	r_1	
8		r_2	r_2		r_2	r_2	
9		r_3	r_3		r_3	r_3	

2. 布尔表达式的 LR 分析表

布尔表达式的文法如下：

$$B \to B \wedge B \mid B \vee B \mid \neg B \mid i \text{ rop } i \mid i$$

为了便于语法分析时的加工处理,我们将上述文法改写为文法 G[S]：

$$B \to B^A B \mid B^O B \mid \neg B \mid (B) \mid i \text{ rop } i \mid i$$

$$B^A \to B \wedge$$

$$B^O \to B \vee$$

将文法 G[S]拓广为文法 G[S′]：(0) $S' \to B$

(1) $B \to i$

(2) B→i rop i

(3) B→(B)

(4) B→NOT B

(5) A→B AND

(6) B→AB

(7) O→B OR

(8) B→OB

由此得到布尔表达式的 SLR(1)分析表如表 9-3 所示。

表 9-3 布尔表达式的 SLR 分析表

状态	ACTION								GOTO		
	i	rop	(	)	NOT	AND	OR	#	B	A	O
0	s₁		s₄		s₅				13	7	8
1		s₂		r₁		r₁	r₁	r₁			
2	s₃										
3				r₂		r₂	r₂	r₂			
4	s₁		s₄		s₅				11	7	8
5	s₁		s₄		s₅				6	7	8
6				r₄		s₉	s₁₀	r₄			
7	s₁		s₄		s₅				14	7	8
8	s₁		s₄		s₅				15	7	8
9	r₅		r₅		r₅						
10	r₇		r₇		r₇						
11				s₁₂		s₉	s₁₀				
12				r₃		r₃	r₃	r₃			
13						s₉	s₁₀	acc			
14				r₆		s₉	s₁₀	r₆			
15				r₈		s₉	s₁₀	r₈			

3. 程序语句的 LR 分析表

程序语句的文法 G[S]如下：

S→if e then S else S|while e do S|begin L end|a

L→S;L|S

由于在编译程序设计与实现中,我们是将赋值语句与算术表达式归为一类处理的,故在此将赋值语句仅看作为程序语句文法中的一个终结符 a,将布尔表达式 B 也看作为终结符 e。

将文法 G[S]拓广为文法 G[S']：(0) S'→S

(1) S→if e then S else S

(2) S→while e do S

(3) S→begin L end

(4) S→a

(5) L→S

(6) L→S；L

由此得到程序语句的 SLR(1)分析表如表 9-4 所示。

表 9-4　程序语句的 SLR 分析表

状态	ACTION											GOTO	
	if	then	else	while	begin	do	end	a	；	e	＃	S	L
0	s_2			s_3	s_4			s_5				1	
1											acc		
2										s_6			
3										s_7			
4	s_2			s_3	s_4			s_5				9	8
5		r_4					r_4		r_4		r_4		
6		s_{10}											
7						s_{11}							
8							s_{12}						
9							r_5		s_{13}				
10	s_2			s_3	s_4			s_5				14	
11	s_2			s_3	s_4			s_5				15	
12			r_3				r_3		r_3		r_3		
13	s_2			s_3	s_4			s_5				9	16
14			s_{17}										
15			r_2				r_2		r_2		r_2		
16							r_6						
17	s_2			s_3	s_4			s_5				18	
18			r_1				r_1		r_1		r_1		

9.5　小型编译程序执行过程及实例分析

小型编译程序执行过程示意如图 9-2所示。

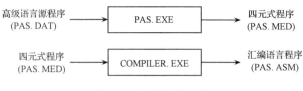

图 9-2　执行过程示意

我们以高级语言源程序到四元式的翻译为例对其进行分析。待编译的 pas. dat 源程序如下：

```
while (a>b) do
begin
    if m> = n then a: = a + 1;
    else
        while k = h do x: = x + 2;
    m: = n + x * (m + y);
end# ～
```

经编译程序运行后得到的输出结果如下：

******* 词法分析结果 ******* / * 注释:查单词内部定义和下面的变量名表 * /

3	0	/ * (sy_while, 0) * /
48	0	/ * ("(" , 0) * /
56	0	/ * (变量, a) * /
42	3	/ * (rop, ">") * /
56	1	/ * (变量, b) * /
49	0	/ * (")" , 0) * /
5	0	/ * (sy_do, 0) * /
4	0	/ * (sy_begin, 0) * /
0	0	/ * (sy_if, 0) * /
56	2	/ * (变量, m) * /
42	2	/ * (rop, "> = ") * /
56	3	/ * (变量, n) * /
1	0	/ * (sy_then, 0) * /
56	0	/ * (变量, a) * /
38	0	/ * (": = ", 0) * /
56	0	/ * (变量, a) * /
34	0	/ * ("+", 0) * /
57	1	/ * (整常量, 1) * /

2	0	/＊　（sy_else, 0) ＊／
3	0	/＊　（sy_while, 0) ＊／
56	4	/＊　（变量，　k) ＊／
press any key to continue		
42	5	/＊　（rop,　"＝") ＊／
56	5	/＊　（变量，　n) ＊／
5	0	/＊　（sy_do,　0) ＊／
56	6	/＊　（变量，　x) ＊／
38	0	/＊　（"：＝",　0) ＊／
56	6	/＊　（变量，　x) ＊／
34	0	/＊　（"＋",　0) ＊／
57	2	/＊　（整常量, 2) ＊／
8	0	/＊　（"；",　0) ＊／
56	2	/＊　（变量，　m) ＊／
38	0	/＊　（"：＝",　0) ＊／
56	3	/＊　（变量，　n) ＊／
34	0	/＊　（"＋",　0) ＊／
56	6	/＊　（变量，　x) ＊／
36	0	/＊　（"＊",　0) ＊／
48	0	/＊　（"c",　c) ＊／
56	2	/＊　（变量，　m) ＊／
34	0	/＊　（"＋",　0) ＊／
56	7	/＊　（变量，　y) ＊／
49	0	/＊　（")",　0) ＊／
6	0	/＊　（sy_end, 0) ＊／
10	0	/＊　（"＃",　0) ＊／

程序总共 9 行,产生了 43 个二元式!

＊＊＊＊＊＊＊＊＊＊＊＊＊＊＊＊＊ 变量名表 ＊＊＊＊＊＊＊＊＊＊＊＊＊＊＊＊＊

0	a
1	b
2	m
3	n
4	k
5	h
6	x

7   y

********* 状态栈分析过程及归约顺序 ***************

stack[0] = 0	n = 3	lr = 3
stack[1] = 3	n = 9	lr = 7
stack[2] = 7	n = 5	lr = 11
stack[3] = 11	n = 4	lr = 4
stack[4] = 4	n = 0	lr = 2
stack[5] = 2	n = 9	lr = 6
stack[6] = 6	n = 1	lr = 10
stack[7] = 10	n = 7	lr = 5
stack[8] = 5	n = 2	lr = 104

s ->a 归约

stack[7] = 10	n = 11	lr = 14
stack[8] = 14	n = 2	lr = 17
stack[9] = 17	n = 3	lr = 3
stack[10] = 3	n = 9	lr = 7
stack[11] = 7	n = 5	lr = 11
stack[12] = 11	n = 7	lr = 5
stack[13] = 5	n = 8	lr = 104

s ->a 归约

| stack[12] = 11 | n = 11 | lr = 15 |
| stack[13] = 15 | n = 8 | lr = 102 |

s ->while e do s 归约

| stack[9] = 17 | n = 11 | lr = 18 |
| stack[10] = 18 | n = 8 | lr = 101 |

s ->if e then s else s 归约

stack[4] = 4	n = 11	lr = 9
stack[5] = 9	n = 8	lr = 13
stack[6] = 13	n = 7	lr = 5
stack[7] = 5	n = 6	lr = 104

s ->a 归约

| stack[6] = 13 | n = 11 | lr = 9 |
| stack[7] = 9 | n = 6 | lr = 105 |

L ->s 归约

| stack[6] = 13 | n = 12 | lr = 16 |

stack[7] = 16　　　　　　　　　n = 6　　　　　　　　　lr = 106

L ->S;L 归约

stack[4] = 4　　　　　　　　　n = 12　　　　　　　　lr = 8

stack[5] = 8　　　　　　　　　n = 6　　　　　　　　　lr = 12

stack[6] = 12　　　　　　　　　n = 10　　　　　　　　lr = 103

s ->begin　L end 归约

stack[3] = 11　　　　　　　　　n = 11　　　　　　　　lr = 15

stack[4] = 15　　　　　　　　　n = 10　　　　　　　　lr = 102

s ->while e do s 归约

stack[0] = 0　　　　　　　　　n = 11　　　　　　　　lr = 1

stack[1] = 1　　　　　　　　　n = 10　　　　　　　　lr = － 2

*********** 四元式分析结果 ******************

100	（ j>,	a,	b,	102	）
101	（ j,	,	,	117	）
102	（ j>=,	m,	n,	104	）
103	（ j,	,	,	107	）
104	（ +,	a,	1,	T1	）
105	（ :=,	T1,	,	a	）
106	（ j,	,	,	112	）
107	（ j=,	k,	h,	109	）
108	（ j,	,	,	112	）
109	（ +,	x,	2,	T2	）
110	（ :=,	T2,	,	x	）
111	（ j,	,	,	107	）
112	（ +,	m,	y,	T3	）
113	（ *,	x,	T3,	T4	）
114	（ +,	n,	T4,	T5	）
115	（ :=,	T5,	,	m	）
116	（ j,	,	,	100	）

****

程序运行结束！

　　注意,状态栈分析过程及归约顺序显示所给出的是程序语句分析使用状态栈 STACK 加工分析的过程,而对算术表达式和布尔表达式使用的状态栈 STACK 的加工分析过程则没有显示(主要是考虑显示的内容过多)。因此,在程序语句分析中,当处理到赋值语句(它与算术表达式一同处理)和布尔表达式时,其处理过程是不显示的,它在程序语句分析中只显示出已加工处理后的终结符号 a(代表赋值语句)和 e(代表布尔表达式)。

在状态栈分析过程及归约顺序显示中,STACK 栈由栈底到当前栈顶显示了根据程序语句 LR 分析表(表 9-4)加工分析的所有状态,而 LR 栏则是根据当前扫描的单词符号(由 n 所指)在分析表对应的下一状态(小于 100 为移进状态,大于等于 100 为归约状态)。我们仍按 LR 分析表控制下的翻译格式给出状态栈 STACK 信息所对应的符号栈内容,这些符号栈内容可以由状态栈 STACK 中的信息和 LR 分析表分析推出。分析的结果见表 9-5(状态栈 STACK 内容由竖向改为横向)。

表 9-5 状态栈分析加工过程

状态栈(STACK)	符　号　栈
0	♯
0 3	♯ while
0 3 7	♯ while e
	/ * (a>b)已由布尔表达式 LR 分析表加工处理后归约为 e * /
0 3 7 11	♯ while e do
0 3 7 11 4	♯ while e do begin
0 3 7 11 4 2	♯ while e do begin if
0 3 7 11 4 2 6	♯ while e do begin if e
	/ * m>=n 已由布尔表达式 LR 分析表加工处理后归约为 e * /
0 3 7 11 4 2 6 10	♯ while e do begin if e then
0 3 7 11 4 2 6 10 5	♯ while e do begin if e then a
	/ * a:=a+1 已由算术表达式 LR 分析表加工处理后归约为 a * /
	/ * 用 S→a 归约,查 LR 分析表得 GOTO(10,S)=14 * /
0 3 7 11 4 2 6 10 14	♯ while e do begin if e then S
0 3 7 11 4 2 6 10 14 17	♯ while e do begin if e then S else
0 3 7 11 4 2 6 10 14 17 3	♯ while e do begin if e then S else while
……	……

第10章 上机实验内容

10.1 实验一 编译程序的分析与验证

1. 实验目的

了解编译程序中 LR 分析表的作用以及语义加工程序的功能。

2. 实验要求

通过编译程序 PAS 和 COMPILER 的运行,检验编译程序输出结果的正确性。

3. 实验内容

(1) 验证下述程序输出结果的正确性:

```
begin
    i: = 1;
    while i< = N do
    begin
        i: = i + 1;
        if B = 1 then
        begin
            j: = 2;
            while i * j< = N do
            begin
                B: = 0;
                j: = j + 1;
            end
        end
    end
end# ~
```

(2) 自行设计一程序进行正确性验证,给出二元式序列的注释及状态栈 STACK 加工分析对应的符号栈内容。

10.2　实验二　算术表达式的扩充

1. 实验目的

掌握 LR 分析表的设计方法和语义加工程序的扩充。

2. 实验要求

参照算术表达式 LR 分析表的设计方法,设计扩充后的算术表达式 LR 分析表,并对原语义加工程序进行修改,加入新添加的内容。

3. 实验内容

算术表达式文法扩充如下:

$$E \rightarrow E+E \mid E-E \mid E*E \mid E/E \mid (E) \mid i$$

试根据该文法重新设计 LR 分析表,并修改语义加工程序,最后验证修改的结果。

10.3　实验三　添加新的程序语句(一)

1. 实验目的

通过添加新的程序语句,全面了解一个语句的编译程序设计过程。

2. 实验要求

对添加的语句设计 LR 分析表及相应的处理程序,并将其添加到程序语义处理程序中。

3. 实验内容

将计数循环 for 语句的功能添加到编译程序中。for 语句的文法及每个产生式相应的语义子程序如下:

$F_1 \rightarrow$ for i: $= E^{(1)}$ 　　　　{GEN(: = , $E^{(1)}$.PLACE, _ , ENTRY(i);

　　　　　　　　　　　　F_1.PLACE: = ENTRY(i);

　　　　　　　　　　　　F_1.CHAIN: = NXQ;

　　　　　　　　　　　　GEN(j, _ , _ , 0);

　　　　　　　　　　　　F_1.QUAD: = NXQ}

$F_2 \rightarrow F_1$ step $E^{(2)}$ 　　　　{F_2.QUAD: = F_1.QUAD;

　　　　　　　　　　　　F_2.PLACE: = F_1.PLACE;

　　　　　　　　　　　　GEN(+ , F_1.PLACE, $E^{(2)}$.PLACE, F_1.PLACE);

　　　　　　　　　　　　BACKPATCH(F_1.CHAIN, NXQ)}

$F_3 \rightarrow F_2$ until $E^{(3)}$ 　　　　{F_3.QUAD: = F_2.QUAD;

　　　　　　　　　　　　q: = NXQ;

　　　　　　　　　　　　GEN(j$\leqslant$, F_2.PLACE, $E^{(3)}$.PLACE, q + 2);

$$F_3.CHAIN := NXQ;$$
$$GEN(j, \_, \_, 0)\}$$

S→F₃ do S⁽¹⁾　　　　{先形成 S⁽¹⁾相应的四元式序列；
$$GEN(j, \_, \_, F_3.QUAD);$$
$$BACKPATCH(S^{(1)}.CHAIN, F_3.QUAD);$$
$$S.CHAIN := F_3.CHAIN\}$$

4．说明

(1) 实现时可对 for 语句的文法设计出一个 LR 分析表,然后将该文法的开始符看作程序语句 LR 分析表中的一个终结符,即像赋值语句一样处理(当然仍要重新设计程序语句的 LR 分析表)。另一种方法就是直接将 for 语句的文法纳入到程序语句文法中(即像 if 和 while 语句一样处理),并重新设计程序语言的 LR 分析表。

(2) for 语句中产生式的语义动作需要参考编译程序中对 if 和 while 语句的处理部分做相应修改。

10.4　实验四　添加新的程序语句(二)

1．实验目的

掌握另一种添加语句功能的方法。

2．实验要求

通过深入了解语句的内在功能,利用等价变换的方法实现语句的编译过程。

3．实验内容

已知 repeat 语句与 while 语句的功能结构图如图 10-1 所示。

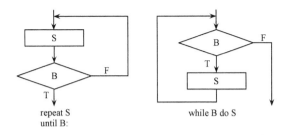

repeat S
until B:

while B do S

图 10-1　条件循环语句结构图

通过等价变换用 while 语句实现 repeat 语句的格式如下:

S;

while NOT B do S;

试在编译程序中用等效的 while 语句实现 repeat 语句的功能。

4. 说明

可采用预处理方法先将源程序中 repeat 语句用等效的 while 语句替换,但这种替换在嵌套语句中处理起来比较麻烦。

10.5　编译原理课程设计

编译原理课程设计是在编译原理实验的基础上,实际动手完成高级程序语言的词法、语法、语义及中间代码生成程序的设计与实现,从而掌握一个高级程序语言编译的基本能力,初步具备程序设计语言的词法分析、语法分析、语义分析及中间代码生成等各环节的设计,能够设计并完成一个高级程序设计语言语句的编译(由高级语言到中间语言)。

通过编译原理课程设计,应使学生达到下述能力:

(1) 学会程序设计语言的词法分析程序的设计与实现;

(2) 学会程序设计语言的语法分析程序的设计与实现;

(3) 学会程序设计语言的语义分析程序的设计与实现;

(4) 学会如何实现将程序设计语言的语句翻译为中间语言的完整过程。

课程设计一

将 PASCAL 语言程序语句文法改造为 C 语言程序语句文法

PASCAL 程序语句文法:

$$S \rightarrow if\ B\ then\ S\ else\quad S\,|\,while\ B\quad do\quad S\,|\,begin\ L\ end\,|\,a$$
$$L \rightarrow S;L\,|\,S$$

改造为:

$$S \rightarrow if\ (B)\quad S\quad else\quad S\,|\,while\ (B)\quad S\,|\,\{L\}\,|\,a$$
$$L \rightarrow S;L\,|\,S;$$

课程设计二

将下面布尔表达式文法改造为 C 语言的布尔表达式文法

$$B \rightarrow B\ and\quad B\,|\,B\ or\quad B\,|\,not\quad B\,|\,(B)\,|\,i\quad rop\quad i\,|\,i$$

(其中 rop 代表 6 种关系运算符:$>,>=,=,<,<=,<>$)

C 语言的布尔表达式文法:

$$B \rightarrow B\ \&\&\quad B\,|\,B\,||\quad B\,|\,!\ B\,|\,(B)\,|\,i\quad rop\quad i\,|\,i$$

(其中 rop 代表 6 种关系运算符:$>,>=,==,<,<=,!=$)

课程设计三

添加新的程序语句,将 C 语言中的计数循环 for 语句的功能添加到编译程序中。

课程设计四

实现将 C 语言程序语句

　　　　　　　　S→if（B）　S ;else　S|while（B）　　S|{L}|a

经词法分析翻译为二元式的程序。

第11章　高级语言到四元式的编译程序

```
#include  "stdio.h"
#include  "string.h"
#define    ACC    -2
/ ****************************************** /
#define sy_if        0
#define sy_then        1
#define sy_else        2
#define sy_while    3
#define sy_begin    4
#define sy_do        5
#define sy_end        6
#define a        7
#define semicolon    8
#define e        9
#define jinghao        10
#define S        11
#define L        12
#define tempsy        15
#define EA        18
#define EO        19
#define plus        34
#define times        36
#define becomes        38
#define op_and        39
#define op_or    40
#define op_not        41
#define rop        42
#define lparent        48
#define rparent        49
#define ident        56
```

```
#define intconst        57
/ ******************************************** /
char   ch = '\0';
int      count = 0;
static   char spelling[10] = {""};
static   char line[81] = {""};
char * pline;
static   char ntab1[100][10];
struct   ntab
   {
     int tc;
     int fc;
     }ntab2[200];
int label = 0;
struct   rwords{
                char sp[10];
                int      sy;
                };
struct rwords reswords[10] = {{"if",sy_if},
                              {"do",sy_do},
                              {"else",sy_else},
                              {"while",sy_while},
                              {"then",sy_then},
                              {"begin",sy_begin},
                              {"end",sy_end},
                              {"and",op_and},
                              {"or",op_or},
                              {"not",op_not}};
struct   aa{
            int sy1;
            int pos;
            }buf[1000],
            n,
            n1,
            E,
```

```
            sstack[100],
            ibuf[100],
            stack[1000];
struct   aa oth;
struct   fourexp{
                    char op[10];
                    struct aa arg1;
                    struct aa arg2;
                    int   result;
                    }fexp[200];
int      ssp = 0;
struct   aa   * pbuf = buf;
int      nlength = 0;
int      lnum = 0;
int      tt1 = 0;
FILE     * cfile;
/ *********************************************************** /
int newt = 0;
int nxq = 100;
int   lr;
int lr1;
int sp = 0;
int stack1[100];
int sp1 = 0;
int num = 0;
struct ll{
    int nxq1;
    int tc1;
    int fc1;
}labelmark[10];
int labeltemp[10];
int pointmark = - 1,pointtemp = - 1;
int sign = 0;
/ **************** 程序语句的 LR 分析表 **************** /
static int   action[19][13] =
```

```
/*0*/      {{2,-1,-1,3,4,-1,-1,5,-1,-1,-1,1,-1},
/*1*/      {-1,-1,-1,-1,-1,-1,-1,-1,-1,-1,ACC,-1,-1},
/*2*/      {-1,-1,-1,-1,-1,-1,-1,-1,-1,6,-1,-1,-1},
/*3*/      {-1,-1,-1,-1,-1,-1,-1,-1,-1,7,-1,-1,-1},
/*4*/      {2,-1,-1,3,4,-1,-1,5,-1,-1,-1,9,8},
/*5*/      {-1,-1,104,-1,-1,-1,104,-1,104,-1,104,-1,-1},
/*6*/      {-1,10,-1,-1,-1,-1,-1,-1,-1,-1,-1,-1,-1},
/*7*/      {-1,-1,-1,-1,-1,11,-1,-1,-1,-1,-1,-1,-1},
/*8*/      {-1,-1,-1,-1,-1,-1,12,-1,-1,-1,-1,-1,-1},
/*9*/      {-1,-1,-1,-1,-1,-1,105,-1,13,-1,-1,-1,-1},
/*10*/     {2,-1,-1,3,4,-1,-1,5,-1,-1,-1,14,-1},
/*11*/     {2,-1,-1,3,4,-1,-1,5,-1,-1,-1,15,-1},
/*12*/     {-1,-1,103,-1,-1,-1,103,-1,103,-1,103,-1,-1},
/*13*/     {2,-1,-1,3,4,-1,-1,5,-1,-1,-1,9,16},
/*14*/     {-1,-1,17,-1,-1,-1,-1,-1,-1,-1,-1,-1,-1},
/*15*/     {-1,-1,102,-1,-1,-1,102,-1,102,-1,102,-1,-1},
/*16*/     {-1,-1,-1,-1,-1,-1,106,-1,-1,-1,-1,-1,-1},
/*17*/     {2,-1,-1,3,4,-1,-1,5,-1,-1,-1,18,-1},
/*18*/     {-1,-1,101,-1,-1,-1,101,-1,101,-1,101,-1,-1}};
/**************** 算术表达式的 LR 分析表 ******************/
static int action1[10][7] =
/*0*/      {{3,-1,-1,2,-1,-1,1},
/*1*/      {-1,4,5,-1,-1,ACC,-1},
/*2*/      {3,-1,-1,2,-1,-1,6},
/*3*/      {-1,104,104,-1,104,104,-1},
/*4*/      {3,-1,-1,2,-1,-1,7},
/*5*/      {3,-1,-1,2,-1,-1,8},
/*6*/      {-1,4,5,-1,9,-1,-1},
/*7*/      {-1,101,5,-1,101,101,-1},
/*8*/      {-1,102,102,-1,102,102,-1},
/*9*/      {-1,103,103,-1,103,103,-1}};
/**************** 布尔表达式的 LR 分析表 ******************/
static int action2[16][11] =
/*0*/      {{1,-1,4,-1,5,-1,-1,-1,13,7,8},
/*1*/      {-1,2,-1,101,-1,101,101,101,-1,-1,-1},
```

```
/ * 2 * /      {3, -1, -1, -1, -1, -1, -1, -1, -1, -1, -1},
/ * 3 * /      {-1, -1, -1,102, -1,102,102,102, -1, -1, -1},
/ * 4 * /      {1, -1,4, -1,5, -1, -1, -1,11,7,8},
/ * 5 * /      {1, -1,4, -1,5, -1, -1, -1,6,7,8},
/ * 6 * /      {-1, -1, -1,104, -1,9,10,104, -1, -1, -1},
/ * 7 * /      {1, -1,4, -1,5, -1, -1, -1,14,7,8},
/ * 8 * /      {1, -1,4, -1,5, -1, -1, -1,15,7,8},
/ * 9 * /      {105, -1,105, -1,105, -1, -1, -1, -1, -1, -1},
/ * 10 * /     {107, -1,107, -1,107, -1, -1, -1, -1, -1, -1},
/ * 11 * /     {-1, -1, -1,12, -1,9,10, -1, -1, -1, -1},
/ * 12 * /     {-1, -1, -1,103, -1,103,103,103, -1, -1, -1},
/ * 13 * /     {-1, -1, -1, -1, -1,9,10,ACC, -1, -1, -1},
/ * 14 * /     {-1, -1, -1,106, -1,9,10,106, -1, -1, -1},
/ * 15 * /     {-1, -1, -1,108, -1,9,10,108, -1, -1, -1}};
/ *************** 从文件读一行到缓冲区 ******************** /
readline()
{
    char ch1;
    pline = line;
    ch1 = getc(cfile);
    while (ch1! = '\n')
    {
        * pline = ch1;
        pline ++ ;
        ch1 = getc(cfile);
    }
    * pline = '\0';
    pline = line;
}
/ *************** 从缓冲区读取一个字符 ******************** /
readch()
{
    if (ch == '\0')
    {
        readline();
```

```
            lnum ++ ;
        }
        ch = * pline;
        pline ++ ;
    }
/ ***************** 标识符和关键字的识别 ***************** /
find(char spel[])
{
    int ss1 = 0;
    int ii = 0;
    while((ss1 == 0)&&(ii<nlength))
    {
        if (! strcmp(spel,ntab1[ii])) ss1 = 1;
        ii ++ ;
    }
    if (ss1 == 1) return ii - 1;
    else return - 1;
}
identifier()
{
    int iii = 0,j,k;
    int ss = 0;
    k = 0;
    do
    {
        spelling[k] = ch;
        k ++ ;
        readch();
    }while((((ch> = 'a')&&(ch< = 'z'))||((ch> = '0')&&(ch< = '9'))));
    pline--;
    spelling[k] = '\0';
    while((ss == 0)&&(iii<10))
    {
        if (! strcmp(spelling,reswords[iii].sp)) ss = 1;
        iii ++ ;
```

```
    }
    /* 关键字匹配 */
    if(ss == 1)
    {
        buf[count].sy1 = reswords[iii - 1].sy;
    }
    else
    {
        buf[count].sy1 = ident;
        j = find(spelling);
        if (j == -1)
        {
            buf[count].pos = tt1;
            strcpy(ntab1[tt1],spelling);
            tt1 ++ ;
            nlength ++ ;
        }
        else buf[count].pos = j;
    }
    count ++ ;
    for(k = 0;k<10;k ++ ) spelling[k] = ";
}
/ *********************** 数字识别 *************************** /
number()
{
    int ivalue = 0;
    int digit;
    do
    {
        digit = ch - '0';
        ivalue = ivalue * 10 + digit;
        readch();
    }while((ch> = '0')&&(ch< = '9'));
    buf[count].sy1 = intconst;
    buf[count].pos = ivalue;
```

```
        count ++ ;
        pline -- ;
}
/ ********************* 扫描主函数 *********************** /
scan()
{
        int i;
        while(ch!  ='~')
        {
                switch (ch)
                {
                case ' ':
                        break;
                case 'a':
                case 'b':
                case 'c':
                case 'd':
                case 'e':
                case 'f':
                case 'g':
                case 'h':
                case 'i':
                case 'j':
                case 'k':
                case 'l':
                case 'm':
                case 'n':
                case 'o':
                case 'p':
                case 'q':
                case 'r':
                case 's':
                case 't':
                case 'u':
                case 'v':
```

```
case 'w':
case 'x':
case 'y':
case 'z':
    identifier();
    break;
case '0':
case '1':
case '2':
case '3':
case '4':
case '5':
case '6':
case '7':
case '8':
case '9':
    number();
    break;
case '<':
    readch();
    if(ch == '=')
    {
        buf[count].pos = 0;                    /* '<=标志 */
    }
    else
    {
        if(ch == '>') buf[count].pos = 4;    /* '<>标志 */
        else
        {
            buf[count].pos = 1;              /* '<标志 */
            pline--;
        }
    }
    buf[count].sy1 = rop;
    count++;
```

```
                break;
        case '>':
                readch();
                if(ch == '=')
                {
                        buf[count].pos = 2;                    /* >=标志 */
                }
                else
                {
                        buf[count].pos = 3;                    /* >标志 */
                        pline--;
                }
                buf[count].sy1 = rop;
                count++;
                break;
        case '(':
                buf[count].sy1 = lparent;
                count++;
                break;
        case ')':
                buf[count].sy1 = rparent;
                count++;
                break;
        case '#':
                buf[count].sy1 = jinghao;
                count++;
                break;
        case '+':
                buf[count].sy1 = plus;
                count++;
                break;
        case '*':
                buf[count].sy1 = times;
                count++;
                break;
```

```
        case ´:´:
            readch();
            if (ch == ´=´)
            buf[count].sy1 = becomes;           / * ´:=标志 * /
            count ++ ;
            break;
        case ´=´:
            buf[count].sy1 = rop;               / * 关系运算标志 * /
            buf[count].pos = 5;                 / * ´=标志 * /
            count ++ ;
            break;
        case ´;´:
            buf[count].sy1 = semicolon;
            count ++ ;
            break;
        }
        readch();
    }
    buf[count].sy1 = - 1;
}
/ *************************************************************** /
readnu()
{
    if (pbuf ->sy1> = 0)
    {
        n.sy1 = pbuf ->sy1;
        n.pos = pbuf ->pos;
        pbuf ++ ;
    }
}
/ ***************** 中间变量的生成 ************************** /
newtemp()
{
    newt ++ ;
    return newt;
```

```
}
/ *************************** 生成四元式 **************** /
gen(char op1[],struct aa arg11,struct aa arg22,int result1)
{
     strcpy(fexp[nxq].op,op1);
     fexp[nxq].arg1.sy1 = arg11.sy1;
     fexp[nxq].arg1.pos = arg11.pos;
     fexp[nxq].arg2.sy1 = arg22.sy1;
     fexp[nxq].arg2.pos = arg22.pos;
     fexp[nxq].result = result1;
     nxq ++ ;
     return nxq - 1;
}
/ ********** 布尔表达式的匹配 **************** /
merg(int p1,int p2)                           / * 拉链函数 * /
{
     int p;
     if(p2 == 0) return p1;
     else
     {
          p = p2;
          while(fexp[p].result!  = 0) p = fexp[p].result;
          fexp[p].result = p1;
          return p2;
     }
}
backpatch(int p,int t)                        / * 返填函数 * /
{
     int tempq;
     int q;
     q = p;
     while(q!  = 0)
     {
          tempq = fexp[q].result;
          fexp[q].result = t;
```

```
        q = tempq;
    }
}
/ ********************************************** /
change1(int chan)
{
    switch (chan)
    {
    case ident:
    case intconst:
        return 0;
    case plus:
        return 1;
    case times:
        return 2;
    case lparent:
        return 3;
    case rparent:
        return 4;
    case jinghao:
        return 5;
    case tempsy:
        return 6;
    }
}
change2(int chan)
{
    switch (chan)
    {
    case ident:
    case intconst:
        return 0;
    case rop:
        return 1;
    case lparent:
```

```
              return 2;
      case rparent:
              return 3;
      case op_not:
              return 4;
      case op_and:
              return 5;
      case op_or:
              return 6;
      case jinghao:
              return 7;
      case tempsy:
              return 8;
      case EA:
              return 9;
      case EO:
              return 10;
      }
}
/ ****************** 赋值语句的分析 ********************** /
lrparse1(int num)
{
      lr1 = action1[stack1[sp1]][change1(n1.sy1)];
      if (lr1 == -1)
      {
          printf("\n 算术表达式或赋值语句出错！\n");
          getchar();
          exit(0);
      }
      if ((lr1<10)&&(lr1> = 0))                        / * 移进 * /
      {
          sp1 ++ ;
          stack1[sp1] = lr1;
          if (n1.sy1!  = tempsy)
          {
```

```
            ssp ++ ;

            num ++ ;

            sstack[ssp].sy1 = n1.sy1;

            sstack[ssp].pos = n1.pos;

        }

        n1.sy1 = ibuf[num].sy1;

        n1.pos = ibuf[num].pos;

        lrparse1(num);

    }

    if((lr1> = 100)&&(lr1<105))                      /* 归约 */

    {

        switch(lr1)

        {

        case 100：                                  /* S′ ->E */

            break;

        case 101：                                  /* E ->E + E */

            E.pos = newtemp();

            gen(" + ",sstack[ssp - 2],sstack[ssp],E.pos + 100);

            ssp = ssp - 2;

            sstack[ssp].sy1 = tempsy;

            sstack[ssp].pos = E.pos;

            sp1 = sp1 - 3;

            break;

        case 102：                                  /* E ->E * E */

            E.pos = newtemp();

            gen(" * ",sstack[ssp - 2],sstack[ssp],E.pos + 100);

            ssp = ssp - 2;

            sstack[ssp].sy1 = tempsy;

            sstack[ssp].pos = E.pos;

            sp1 = sp1 - 3;

            break;

        case 103：                                  /* E ->(E) */

            E.pos = sstack[ssp - 1].pos;

            ssp = ssp - 2;

            sstack[ssp].sy1 = tempsy;
```

```
            sstack[ssp].pos = E.pos;
            sp1 = sp1 - 3;
            break;
        case 104:                              /* E ->i */
            E.pos = sstack[ssp].pos;
            sp1 -- ;
            break;
        }
        n1.sy1 = tempsy;
        n1.pos = E.pos;
        lrparse1(num);
    }
    if ((lr1 == ACC)&&(stack1[sp1] == 1))      /* 归约 A ->i: = E */
    {
        gen(": = ",sstack[ssp],oth,ibuf[0].pos);
        ssp = ssp - 3;
        sp1 = sp1 - 3;
    }
}
/ ******************** 布尔表达式的分析 ************************ /
lrparse2(int num)
{
    int templabel;
    lr1 = action2[stack1[sp1]][change2(n1.sy1)];
    if (lr1 == - 1)
    {
        if (sign == 2) printf("\nwhile 语句出错！ \n");
        if (sign == 3) printf("\nif 语句出错！ \n");
        getchar();
        exit(0);
    }
    if ((lr1<16)&&(lr1 > = 0))                 /* 移进 */
    {
        sp1 ++ ;
        stack1[sp1] = lr1;
```

```
        ssp ++ ;
        sstack[ssp].sy1 = n1.sy1;
        sstack[ssp].pos = n1.pos;
        if ((n1.sy1！ = tempsy)&&(n1.sy1！ = EA)&&(n1.sy1！ = EO))
            num ++ ;
        n1.sy1 = ibuf[num].sy1;
        n1.pos = ibuf[num].pos;
        lrparse2(num);
    }
    if((lr1> = 100)&&(lr1<109))                    / * 归约 * /
    {
        switch(lr1)
        {
        case 100：                                 / * S′->B * /
            break;
        case 101：                                 / * B->i * /
            ntab2[label].tc = nxq;
            ntab2[label].fc = nxq + 1;
            gen("jnz",sstack[ssp],oth,0);
            gen("j",oth,oth,0);
            sp1 -- ;
            ssp -- ;
            label ++ ;
            n1.sy1 = tempsy;
            break;
        case 102：                                 / * B->i rop i * /
            ntab2[label].tc = nxq;
            ntab2[label].fc = nxq + 1;
            switch (sstack[ssp - 1].pos)
            {
                case 0：
                    gen("j< = ",sstack[ssp - 2],sstack[ssp],0);
                    break;
                case 1：
                    gen("j<",sstack[ssp - 2],sstack[ssp],0);
```

```
                break;
            case 2:
                gen("j>=",sstack[ssp-2],sstack[ssp],0);
                break;
            case 3:
                gen("j>",sstack[ssp-2],sstack[ssp],0);
                break;
            case 4:
                gen("j<>",sstack[ssp-2],sstack[ssp],0);
                break;
            case 5:
                gen("j=",sstack[ssp-2],sstack[ssp],0);
                break;
        }
        gen("j",oth,oth,0);
        ssp=ssp-3;
        sp1=sp1-3;
        label++;
        n1.sy1=tempsy;
        break;
    case 103:                              /* B ->(B) */
        label=label-1;
        ssp=ssp-3;
        sp1=sp1-3;
        label++;
        n1.sy1=tempsy;
        break;
    case 104:                              /* B ->not B */
        label=label-1;
        templabel=ntab2[label].tc;
        ntab2[label].tc=ntab2[label].fc;
        ntab2[label].fc=templabel;
        ssp=ssp-2;
        sp1=sp1-2;
        label++;
```

```
            n1. sy1 = tempsy;
            break;
        case 105:                                    / * A ->Band * /
            backpatch(ntab2[label - 1]. tc,nxq);
            label = label - 1;
            ssp = ssp - 2;
            sp1 = sp1 - 2;
            label ++ ;
            n1. sy1 = EA;
            break;
        case 106:                                    / * B ->AB * /
            label = label - 2;
            ntab2[label]. tc = ntab2[label + 1]. tc;
            ntab2[label]. fc = merg(ntab2[label]. fc,ntab2[label + 1]. fc);
            ssp = ssp - 2;
            sp1 = sp1 - 2;
            label ++ ;
            n1. sy1 = tempsy;
            break;
        case 107:                                    / * 0 ->B or * /
            backpatch(ntab2[label - 1]. fc,nxq);
            label = label - 1;
            ssp = ssp - 2;
            sp1 = sp1 - 2;
            label ++ ;
            n1. sy1 = EO;
            break;
        case 108:                                    / * B ->OB * /
            label = label - 2;
            ntab2[label]. fc = ntab2[label + 1]. fc;
            ntab2[label]. tc = merg(ntab2[label]. tc,ntab2[label + 1]. tc);
            ssp = ssp - 2;
            sp1 = sp1 - 2;
            label ++ ;
            n1. sy1 = tempsy;
```

```
                break;
            }
            lrparse2(num);
        }
    if (lr1 == ACC) return 1;
}
```
/ *********** 测试字符是否为表达式中的值(不包括";") *********** /
```
test(int value)
{
    switch (value)
    {
    case intconst:
    case ident:
    case plus:
    case times:
    case becomes:
    case lparent:
    case rparent:
    case rop:
    case op_and:
    case op_or:
    case op_not:
        return 1;
    default:
        return 0;
    }
}
/ ****************************************** /
lrparse()                          / * 程序语句处理 * /
{
    int i1 = 0;
    int num = 0;
    / * 指向表达式缓冲区 * /
    if (test(n.sy1))
    {
```

```
if(stack[sp].sy1 == sy_while) sign = 2;
else
{
    if (stack[sp].sy1 == sy_if) sign = 3;
    else sign = 1;
}
do
{
    ibuf[i1].sy1 = n.sy1;
    ibuf[i1].pos = n.pos;
    readnu();
    i1 ++ ;
}while(test(n.sy1));
ibuf[i1].sy1 = jinghao;
pbuf -- ;
sstack[0].sy1 = jinghao;
ssp = 0;
if (sign == 1)                    /* 赋值语句处理 */
{
    sp1 = 0;
    stack1[sp1] = 0;
    num = 2;
    n1.sy1 = ibuf[num].sy1;
    n1.pos = ibuf[num].pos;
    lrparse1(num);
    n.sy1 = a;
}
if ((sign == 2)||(sign == 3))     /* 布尔表达式处理 */
{
    pointmark ++ ;
    labelmark[pointmark].nxq1 = nxq;
    sp1 = 0;
    stack1[sp1] = 0;
    num = 0;
    n1.sy1 = ibuf[num].sy1;
```

```
            n1. pos = ibuf[num]. pos;
            lrparse2(num);
            labelmark[pointmark]. tc1 = ntab2[label - 1]. tc;
            labelmark[pointmark]. fc1 = ntab2[label - 1]. fc;
            backpatch(labelmark[pointmark]. tc1, nxq);
            n. sy1 = e;
        }
    }
lr = action[stack[sp]. pos][n. sy1];
printf("stack[ % d] = % d\t\tn = % d\t\tlr = % d\n", sp, stack[sp].
    pos, n. sy1, lr);
if ((lr<19)&&(lr> = 0))                /* 移进 */
{
    sp ++;
    stack[sp]. pos = lr;
    stack[sp]. sy1 = n. sy1;
    readnu();
    lrparse();
}
if ((lr< = 106)&&(lr> = 100))          /* 归约 */
{
    switch (lr)
    {
    case 100:                          /* S'->S */
        break;
    case 101:                          /* S ->if e then S else S */
        printf("S ->if e then S else S 归约\n");
        sp = sp - 6;
        n. sy1 = S;
        fexp[labeltemp[pointtemp]]. result = nxq;
        pointtemp --;
        if(stack[sp]. sy1 == sy_then)
        {
            gen("j", oth, oth, 0);
            backpatch(labelmark[pointmark]. fc1, nxq);
```

```
            pointtemp ++ ;
            labeltemp[pointtemp] = nxq - 1;
        }
        pointmark -- ;
        if(stack[sp].sy1 == sy_do)
        {
            gen("j",oth,oth,labelmark[pointmark].nxq1);
            backpatch(labelmark[pointmark].fc1,nxq);
        }
        break;
    case 102:                              /* S ->while e do S */
        printf("S ->while e do S 归约\n");
        sp = sp - 4;
        n.sy1 = S;
        pointmark -- ;
        if(stack[sp].sy1 == sy_do)
        {
            gen("j",oth,oth,labelmark[pointmark].nxq1);
            backpatch(labelmark[pointmark].fc1,nxq);
        }


        if(stack[sp].sy1 == sy_then)
        {
            gen("j",oth,oth,0);
            fexp[labelmark[pointmark].fc1].result = nxq;
            pointtemp ++ ;
            labeltemp[pointtemp] = nxq - 1;
        }
        break;
    case 103:                              /* S ->begin L end */
        printf("S ->begin L end 归约\n");
        sp = sp - 3;
        n.sy1 = S;
        if(stack[sp].sy1 == sy_then)
        {
```

```
                    gen("j",oth,oth,0);
                    backpatch(labelmark[pointmark].fc1,nxq);
                    pointtemp ++ ;
                    labeltemp[pointtemp] = nxq - 1;
            }
        if(stack[sp].sy1 == sy_do)
        {
                    gen("j",oth,oth,labelmark[pointmark].nxq1);
                    backpatch(labelmark[pointmark].fc1,nxq);
        }
        getchar();
        break;
    case 104:                               / * S ->a * /
        printf("S ->a 归约\n");
        sp = sp - 1;
        n.sy1 = S;
        if(stack[sp].sy1 == sy_then)
        {
                    gen("j",oth,oth,0);
                    backpatch(labelmark[pointmark].fc1,nxq);
                    pointtemp ++ ;
                    labeltemp[pointtemp] = nxq - 1;
        }
        if(stack[sp].sy1 == sy_do)
        {
                    gen("j",oth,oth,labelmark[pointmark].nxq1);
                    backpatch(labelmark[pointmark].fc1,nxq);
        }
        break;
    case 105:                               / * L ->S * /
        printf("L ->S 归约\n");
        sp = sp - 1;
        n.sy1 = L;
        break;
    case 106:                               / * L ->S;L * /
```

```
                printf("L ->S;L 归约\n");
                sp = sp - 3;
                n. sy1 = L;
                break;
            }
        getchar();
        pbuf -- ;
        lrparse();
        }
    if (lr == ACC) return ACC;
}
/ *************************** disp1 *********************** /
disp1()
{
    int temp1 = 0;
    printf("\n ************* 词法分析结果 **************** \n");
    for(temp1 = 0;temp1<count;temp1 ++ )
    {
        printf(" % d\t % d\n",buf[temp1].sy1,buf[temp1].pos);
        if (temp1 == 20)
        {
            printf("Press any key to continue......\n");
            getchar();
        }
    }
    getchar();
}
/ ************************************************** /
disp2()
{
    int temp1 = 100;
    printf("\n ************* 四元式分析结果 *************** \n");
    for(temp1 = 100;temp1<nxq;temp1 ++ )
    {
        printf(" % d\t",temp1);
        printf("( % s\t,",fexp[temp1].op);
        if (fexp[temp1].arg1.sy1 == ident)
```

```c
        printf(" % s\t,",ntab1[fexp[temp1].arg1.pos]);
    else
    {
        if (fexp[temp1].arg1.sy1 == tempsy)
            printf("T % d\t,",fexp[temp1].arg1.pos);
        else
        {
            if(fexp[temp1].arg1.sy1 == intconst)
                printf(" % d\t,",fexp[temp1].arg1.pos);
            else printf("\t,");
        }
    }
    if (fexp[temp1].arg2.sy1 == ident)
        printf(" % s\t,",ntab1[fexp[temp1].arg2.pos]);
    else
    {
        if (fexp[temp1].arg2.sy1 == tempsy)
            printf("T % d\t,",fexp[temp1].arg2.pos);
        else
        {
            if(fexp[temp1].arg2.sy1 == intconst)
                printf(" % d\t,",fexp[temp1].arg2.pos);
            else printf("\t,");
        }
    }
    if (fexp[temp1].op[0]! = 'j')
    {
        if(fexp[temp1].result> = 100)
            printf("T % d\t)",fexp[temp1].result - 100);
        else
            printf(" % s\t)",ntab1[fexp[temp1].result]);
    }
    else printf(" % d\t)",fexp[temp1].result);
    if (temp1 == 20)
    {
        printf("\nPress any key to continue......\n");
        getchar();
```

```
            }
            printf("\n");
        }
        getchar();
}
disp3()
{
        int tttt;
        printf("\n\n 程序总共 %d 行,产生了 %d 个二元式! \n",lnum,
            count);
        getchar();
        printf("\n ***************** 变量名表 ***************** \n");
        for(tttt = 0;tttt<tt1;tttt ++ )
            printf(" %d\t %s\n",tttt,ntab1[tttt]);
        getchar();
}
/ *************** 主程序 ******************** /
main()
{
        cfile = fopen("pas.dat","r");        / * 打开 c 语言源文件 * /
        readch();                            / * 从源文件读一个字符 * /
        scan();                              / * 词法分析 * /
        disp1();
        disp3();
        stack[sp].pos = 0;
        stack[sp].sy1 = - 1;                 / * 初始化状态栈 * /
        stack1[sp1] = 0;                     / * 初始化状态栈 1 * /
        oth.sy1 = - 1;
        printf("\n ******** 状态栈加工过程及归约顺序 ********** \n");
        readnu();                            / * 从二元式读入一个字符 * /
        lrparse();                           / * 四元式分析 * /
        getchar();
        disp2();
        printf("\n 程序运行结束! \n");
        getchar();
}
```

第 12 章　8086／8088 小汇编的设计与实现

12.1　汇编指令系统的分析

12.1.1　引言

编译的过程是将源程序编译成可在具体机器上执行的机器指令程序的过程。所以,实现编译的首要任务就是了解目标机器的指令系统及其特点,只有这样才能设计好编译程序。

任何一种微处理器(CPU)在设计时就已规定好自己特定的指令系统,这种指令系统的功能也就决定了由该微处理器构成的计算机系统及其基本功能。指令系统中所设计的每一条指令都对应着微处理器要完成的一种规定功能操作,即这些指令功能的实现都是由微处理器中的物理器件完成的。要使计算机完成一个完整的任务,就需要执行一组指令,这一组指令通常称之为程序。计算机能够执行的各种不同指令的集合,就称为处理器的指令系统。

一台计算机只能识别由二进制编码表示的指令,称之为机器指令。一条机器指令应包括两部分内容:一是要给出该指令应完成何种操作,这一部分称为指令操作码部分;另一部分是要给出参与操作的操作数的值或指出操作数存放在何处、操作的结果应送往何处等信息,这一部分称为指令的操作数部分。处理器可根据指令中给出的地址信息求出存放操作数的地址——称为有效地址 EA(Effective Address),然后对存放在有效地址中的操作数进行存取操作。指令中关于如何求出存放操作数有效地址的方法称为操作数的寻址方式。计算机按照指令给出的寻址方式求出操作数有效地址进行存取操作数的过程,称为指令的寻址操作。

由于计算机的主要工作是进行数据处理,故计算机指令系统中的多数指令是与操作数有关的。而这些操作数可以在寄存器中,也可以在内存或 I/O 端口中,还可以隐含于指令码中。对于不同的操作数有不同的方法来存取它们;特别是对于存放于存储单元的操作数,可以采用多种不同的方式来寻找地址以便进行数据存取。寻址方式越多,CPU 的指令功能就越强,灵活性也就越大。但是,寻址方式越多也会越造成指令编码的复杂化。因此,在设计指令系统的寻址方式时主要考虑:

(1) 能够满足 CPU 所寻址的最大地址空间,否则将存在无法访问的地址。

(2) 从速度和存储角度考虑,地址码不能占用太多的字节。为减少地址码占用的字节数,就应采用多种寻址方式。

(3) 尽量满足高级语言中各种数据结构的寻址需要。以数组元素 A[I]为例,位移量对应数组 A 的开始地址,变址 I(表示数组 A 的第 I 个元素)的位距值存放在寄存器中(如 SI),则对数组元素 A[I]的访部地址应是"寄存器(SI)＋位移";有时位移量是在基址寄存器(如 BX)中,则访问 A[I]地址是"寄存器(BX)＋寄存器(SI)";如果 A[I]出现在递归子程序调用中,则数据是以堆栈形式来逐层存储的,故访问数组元素 A[I]时还需由堆栈指针(如 BP)来指示是那一层子程序调用中的 A[I],其地址应为"寄存器(BP)＋寄存器(SI)＋位移"。由此可见,至少要有如上所述的几种寻址方式才能满足程序语言的特殊使用(数组、递归子程序)要求。

通常一条指令被分为若干字段(每个字段为几个二进制位),其中一个字段称为操作码,说明计算机该做什么,其余字段称为操作数,指出该指令在执行中所需要的信息。一个操作数可以是一个具体数据,也可以是存储数据的寄存器或存储器地址。一般指令格式如下:

操作码	操作数	…	操作数

指令可以含有若干个操作数,但操作数越多指令的长度也就越长,所占用的存储空间就越大,指令送入 CPU 所花费的时间也越多。为了减少指令的长度,一般指令都只允许有一个或两个操作数,而且双操作数指令中的一个操作数必须存放在寄存器中。这是由于存储器和 I/O 空间相当大,表示其地址必须占用较多的二进制位,因而就势必引起指令长度的增加。而一个计算机所具有的寄存器很少(几个到几十个之间),因此用于表示这些寄存器编码所需的二进制位数就少。所以,减少指令位数的方法之一是尽可能地使用寄存器。操作数仅限于两个虽然降低了许多指令的灵活性,但却进一步节省了指令占用的位数。例如,加法指令涉及两个相加的数和所需保存的结果,这就需要三个操作数,可以规定把加得的结果存入到两个相加数的位置之一,从而使操作数减少为两个,这两个操作数就分别称为源操作数和目的操作数。源操作数与目的操作数相加的结果最终又送回到目的操作数,这意味着原来目的操作数中存放的数据丢失了,但是这种情况无关紧要,如果需要保留原来目的操作数的值,则可以在执行这条指令之前将原目的操作数保存到其他寄存器或者存储器中。两操作数指令的方法对于由许多指令组成的程序来说,所节省的存储空间和送入 CPU 的时间都是可观的。

12.1.2　8086/8088 指令系统

虽然我们已经在"微机原理"或"汇编语言程序设计"课程中学习了 8086/8088 指令系统,但那是基于掌握汇编语言和微机的原理及使用角度来学习指令系统的。现在,我们从编译的角度来深入了解 8086/8088 指令系统的设计特点及实现方法。

8086／8088 指令系统的编码格式非常紧凑并且灵活,其机器码指令长度为 1～6 个字节(不包括前缀),通常指令的第一字节为操作码,用以规定操作的类型,第二字节规定操作数的寻址方式。

典型的单操作数指令结构如图 12-1 所示。

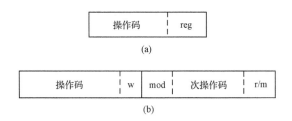

图 12-1　典型的单操作数指令结构

(a) 操作数在 16 位寄存器内;(b) 操作数在寄存器或存储器内

典型的双操作数指令结构如图 12-2 所示。

图 12-2　典型的双操作数指令结构

图 12-2 中:

reg——寄存器寻址代码;

mod——寻址方式代码;

r/m——寄存器或存储器寻址方式(与 mod 字段组合决定);

d 位——指示操作数的传送方向,用于双操作数指令:

$$d=\begin{cases}0, & \text{reg 字段为源操作数,r/m 和 mod 字段为目的操作数;}\\1, & \text{r/m 和 mod 字段为源操作数,reg 字段为目的操作数。}\end{cases}$$

w 位——字操作标志位:

$$w=\begin{cases}0, & \text{字节操作指令;}\\1, & \text{字操作指令;}\end{cases}$$

由于双操作数指令只有一个 w 位,因此,两个操作数要么都是 8 位,要么都是 16 位。然而,对于值很小的立即数操作来说,如果用 16 位表示就显得有些浪费存储空间了。为了减少这种情况下立即数所占用的字节数,8086／8088 指令系统对诸如加法、减法和比较的立即数操作指令设置了符号扩展位 s,s 位只对 16 位操作数(w=1)有效,即:

$$sw=\begin{cases}01, & \text{16 位(字)操作,不进行符号扩展;}\\11, & \text{16 位(字)操作,但立即数仅给出低 8 位,应进行符号扩展。}\end{cases}$$

这样对一些 16 位立即数操作指令,立即数的存储仅是 8 位的,节省了存储空间和取指时间,只是当 CPU 执行该操作时再将立即数扩展为 16 位。

8086/8088 指令格式主要由操作码和操作数域构成。操作码指出了该指令操作的类型,仅低位的 d、w 位(如果有的话)随传送方向及是字还是字节操作而变化,少量指令存在着第二操作码。8086/8088 指令格式设计的精妙之处在于操作数域,根据寻址方式、传送方向(d 位)、字或字节操作(w 位)决定了第二字节(寻址方式字节)中 mod 字段、r/m 字段以及 reg 字段的取值及该条指令机器码的长度(需特别注意机器码长度的确定)。

由 mod 和 r/m 字段组合共同决定一个操作数的寻址方式及有效地址的计算方法见表 12-1。

表 12-1   寻址方式

mod＝11 寄存器寻址			mod≠11 存储器寻址,有效地址的计算			
r/m	w＝1	w＝0	mod r/m	00(不带位移量)	01(带 8 位位移量 D_8)	10(带 16 位位移量 D_{16})
0 0 0	AX	AL	000	[BX+SI]	[BX+SI+D_8]	[BX+SI+D_{16}]
0 0 1	CX	CL	001	[BX+DI]	[BX+DI+D_8]	[BX+DI+D_{16}]
0 1 0	DX	DL	010	[BP+SI]	[BP+SI+D_8]	[BP+SI+D_{16}]
0 1 1	BX	BL	011	[BP+DI]	[BP+DI+D_8]	[BP+DI+D_{16}]
1 0 0	SP	AH	100	[SI]	[SI+D_8]	[SI+D_{16}]
1 0 1	BP	CH	101	[DI]	[DI+D_8]	[DI+D_{16}]
1 1 0	SI	DH	110	D_{16}(直接寻址)	[BP+D_8]	[BP+D_{16}]
1 1 1	DI	BH	111	[BX]	[BX+D_8]	[BX+D_{16}]

由 reg 字段规定的寄存器或分段寄存器编码见表 12-2。

表 12-2   寄存器表

寄存器寻址编码	寄存器		段寄存器寻址编码	段寄存器
	w＝1	w＝0		
0 0 0	AX	AL	0 0	ES
0 0 1	CX	CL	0 1	CS
0 1 0	DX	DL	1 0	SS
0 1 1	BX	BL	1 1	DS
1 0 0	SP	AH		
1 0 1	BP	CH		
1 1 0	SI	DH		
1 1 1	DI	BH		

有了表 12-1 和表 12-2,我们就可以根据传送方向位 d、字或字节操作位 w 的值以及所要求的寻址方式及参加操作的寄存器或存储器地址来构造包括 mod、r/m 和 reg 字段组成的字节,并形成属于操作数域的其后各字节内容。例如,数据传送类指令 MOV 所允许出现的指令格式有:

（1）寄存器/存储器 ⟺ 寄存器:

100010dw	mod reg r/m

（2）立即数 ⟹ 寄存器/存储器:

1100001w	mod 000 r/m	data	data if w＝1

（3）立即数 ⟹ 寄存器:

1011w reg	data	data if w＝1

（4）存储器 ⟹ 累加器:

101000dw	addrlow	addrhight

（5）累加器 ⟹ 存储器:

1010001w	addrlow	addrhight

（6）寄存器/存储器 ⟹ 分段寄存器:

10001110	mod 0reg r/m

（7）分段寄存器 ⟹ 寄存器/存储器:

10001100	mod 0reg r/m

对于寄存器/存储器与寄存器之间的传送命令可以采用方式（1）如:

$$\text{MOV AX,BX} \qquad ;(BX) \longrightarrow AX$$

由于 d 位值的不同,第二字节的编码可以有两种形式:

① 当 d＝0 时,reg 对应源操作数 BX,即为 BX 的编码 011;r/m 对应目的操作数 AX,即为 AX 的编码 000,此时 mod 值为 11 表示操作数为寄存器,即 mod 值和 r/m 值共同决定了这个操作数的类型是寄存器并且是 AX(000)。因此该指令的机器码如下:

操作码　　d w	mod　reg　r/m
10001001	11　011　000

② 当 d＝1 时,reg 对应目的操作数 AX,即为 AX 的编码 000;r/m 对应源操作数 BX,即为 BX 的编码 011,mod 值指示为寄存器应为 11;所以此时该指令的机器码如下:

操作码　　d w	mod　reg　r/m
10001011	11　000　011

由此可以看出,对于同一条指令,翻译成机器码指令可以有两种不同的方法,但它们实现的操作功能却完全相同。

如果指令是寄存器与存储器之间的传送,例如:MOV AX,[BX＋DI＋1234H],则对应的机器指令只能有一种形式。这是因为 reg 字段只能表示寄存器而无法表示存储器,而由 mod 和 r/m 字段的组合根据 mod 域值则既可以表示寄存器又可以表示存储器。故当操作数的一方是存储器时就只能用 mod 和 r/m 字段来表示了。究竟是将寄存器的内容传送到存储器还是将存储器的内容传送到寄存器就取决于传送方向位 d 的值,如果说在上一个例子中的 d 位无关紧要的话,那么在这里 d 位就是不可或缺的了。本条指令的存储器地址通过查找表 12-1 可知:mod 值为 10,r/m 值为 001;而由表 12-2 得知:reg 所对应的操作数 AX 值为 000;并且位 d 的值必须为 1 才能保证是将 mod 和 r/m 指定的内容送到 AX,所以此时该指令对应的机器码为:

操作码　d w	mod　reg　r/m	16 位位移量
10001011	10000001	00110100　　00010010

注意,mod 取值 10 是因为该指令的存储器操作数中还带有 16 位位移 1234 H,即在操作码字节及寻址字节之后带有 16 位的位移量,低 8 位值为 34 H,高 8 位值为 12 H。

对于立即数传送到寄存器/存储器的操作可采用方式(2)。如:

MOV CL,12H　　　　　　;立即数 12H ──→CL

这是一个字节传送指令,即 w＝0;因此 mod＝11 和 r/m＝001 用于表示寄存器 CL,第三字节为立即数 12 H,即该指令的机器码如下:

操作码　w	mod　reg　r/m	立即数
11000110	11000001	00010010

如果用方式(3)实现则更加简单,由于此时 w＝0,reg＝001,则该指令所对应的机器码为:

操作码　w　reg	立即数
10110001	00010010

与方式(2)的机器码相比节省了一个字节。

下面,我们看一下立即数传送到存储器的操作,这种操作只能用方式(2)实现,例如:

MOV [BX＋DI＋1234H],5678H

查表 12-1 可知:mod＝10,r/m＝001,此时该指令对应的机器码为:

操作码 dw	mod　reg　r/m	16 位位移量	16 位立即数
11000111	10000001	00110100　　00010010	01111000　　01010110

由 mod＝10 可知存储器操作数还带有 16 位位移量，这个 16 位位移量是紧随在机器码第二字节即寻址方式字节之后的，所以位移量必须插到立即数之前，以便形成存储器的有效地址。注意，此时的机器码指令长度为 6 个字节，这是 8086/8088 指令系统中最长的机器码指令形式。

通过机器码指令的形成过程可知，机器码指令的长度是由字或字节操作以及寻址方式决定的。这一点对编译来说很重要，因为在编译过程中必须根据源指令来确定形成的机器码指令所应具有的字节数（即长度）。

由 8086/8088 指令系统的寻址方式和机器码指令的寻址方式字节，即 mod、r/m 和 reg 字段可以看出：双操作数指令允许寄存器与寄存器、寄存器与存储器之间的操作，此外还允许立即数到寄存器/存储器的操作；但无法用 mod、r/m 和 reg 字段来同时表示两个存储器的地址。如果允许存储器到存储器操作的指令出现，将会使机器码指令变得更长、更复杂。故此，8086/8088 舍去了直接进行存储器之间操作的指令，使得机器指令更加简洁有效。如果要实现存储器到存储器的操作只须经过寄存器过渡：即先进行存储器到寄存器的操作，并将结果保存在寄存器中，然后再使用一条由寄存器传送到存储器的指令操作即可。

我们再看一下增量指令 INC 的处理。INC 指令可以采用的机器码格式如下：
（1）寄存器：

01000 reg

（2）寄存器/存储器：

100010 dw	mod 000 r/m

方式（1）为单操作数指令，由于 reg 字段无法表示出是 8 位寄存器还是 16 位寄存器，所以系统规定它为 16 位寄存器的操作，如 01000100 表示为 INC SP 而不是 INC AH。

对于 8 位（或 16 位）寄存器或存储器进行 INC 操作可采用方式（2），单 16 位寄存器的 INC 则最好按方式（1）翻译成机器码，这样可省一个字节空间。

算术运算中的加法指令 ADD 可以采用的机器码格式如下：
（1）寄存器/存储器与寄存器相加，其结果送二者之一：

000000 dw	mod 000 r/m

（2）立即数与寄存器/存储器相加，结果送寄存器/存储器：

100000sw	mod 000 r/m	data	data if w＝1

（3）立即数与累加器相加，结果送累加器（16 位累加器：AX；8 位累加器：AL）：

0000010 w	data	data if w＝1

例如，立即数与寄存器相加的指令：

　　　　ADD AX,12H　　　　　　;(AX)+12H —→ AX

　　采用方式(2)实现时,由于该指令是字操作指令,但立即数却是以字节(8 位)表示的,故执行此操作时 CPU 要进行符号扩展(s=1 时将 8 位补码操作数扩展为16 位补码操作数,即使高字节的各位与低位字节的最高位相同)。因此置 s 位为1,该指令对应的机器码为:

操作码　　s w　　mod reg r/m　　立即数

10000011	11000000	00010010

　　这样当 CPU 执行到该机器码指令时,便自动将第 3 字节的立即数 12 H 扩展为 0012 H 参与运算。当然,也可以将该指令改写为:

　　　　　　　　ADD AX,0012H

　　此时该指令对应的机器码为:

操作码　　s w　　mod reg r/m　　　立即数

10000011	11000000	00010010

　　即 sw=01,对应的机器码指令长度为 4 字节。

　　也可以采用方式(3)来实现(此方式只对累加器 AX 和 AL 与立即数的相加有效):

操作码　　　　　w　　　　　立即数

00000101	00010010	00000000

　　这种方式机器码长度为 3 个字节。如果是字节操作的话,如 ADD AL,12 H,则与方式(2)相比可节省一个字节。

　　通过上述的例子,我们对 8086/8088 汇编助记符指令到机器码指令的翻译过程有了初步的认识,实际翻译的过程也大致如此。最后,我们将 8086/8088 指令系统的机器码格式归纳如下:

　　(1) 单字节指令(隐含操作数):

操 作 码

　　(2) 单字节指令(寄存器寻址):

操 作 码	reg

　　(3) 寄存器到寄存器:

操 作 码	11 reg r/m

　　(4) 不带位移量的寄存器与存储器之间的传送:

操 作 码	mod reg r/m	(mod≠11)

　　(5) 带位移量的寄存器与存储器之间的传送(mod=01 或 mod=10):

操 作 码	mod reg r/m	位移量低字节	位移量高字节

　　　　　　　　　　　　　　　　　　　(使用 16 位位移量时)

（6）立即数送寄存器：

操 作 码	mod 000 r/m	立即数低字节	立即数高字节

（使用 16 位位移量时）

（7）立即数送存储器：

操 作 码	mod 000 r/m	立即数低字节	立即数高字节	立即数低字节	立即数高字节

（使用 16 位位移量时）　　　　（使用 16 位数据时）

mod=01 或 mod=10 时

8086/8088 指令系统的编码空间见附录 2。

12.2　8086/8088 小汇编的设计与实现

我们已经了解了 8086/8088 指令系统的特点，下面我们讨论如何实现 8086/8088 汇编指令到机器码指令的翻译过程。为了简单起见，我们对 8086/8088 汇编语言加以如下限制：

（1）在汇编语言中不允许出现标识符，即转移地址必须以实际地址出现。

（2）对 8086/8088 汇编中标识字或字节操作的"WORD PTR"和"BYTE PTR"我们只取其第一个字符"W"或"B"进行标志，且对存储器的访问必须指定是字（W）还是字节（B）操作；如：

$$MOV\ B[BX+SI],12$$
$$ADD\ AX,W[SI+1234]$$

（3）数字一律用不带 H 的 16 进制数表示。

因此，我们所讨论的是一种 8086/8088 小汇编的设计与实现。

12.2.1　8086/8088 小汇编指令的分类

为了便于小汇编的翻译实现，我们根据附录 2 按指令码的特点将 8086/8088 指令系统分为 15 类，每一类对应一个加工处理子程序。现将分类情况叙述如下：

1. 不需变化的单、双字节指令

对于指令系统中那些机器码已经确定，即无操作数域部分的指令，如 XLAT、LAHF、SAHF、PUSHF、POPF、AAA、DAA、AAS、DAS、CBW、CWD、INT3、INTQ、IRET、CLC、STC、CLD、STD、CLI、STI、HLT、WAIT、LOOK 等单字节指令直接产生机器码指令，这类指令的处理子程序为 SUB1。此外，还有机器码确定也无操作数域的双字节指令 AAM 和 AAD，由于这两条指令的第二字节内容相同，故只存放第一字节的操作码；然后在子程序中再直接送入第二字节的内容，因此这两条指令的处理由 SUB2 完成。

2. 对算术运算类指令的处理

根据附录 2 和附录 1,我们首先分离出指令格式相同的 8 条指令:ADC、ADD、AND、CMP、SBB、SUB、OR、XOR,其指令编码格式如下:

| 操作码 dw | mod reg r/m | 寄存器/存储器与寄存器操作 |

| 操作码 (s)w | mod 次操作码 r/m | data | data if sw＝01 | 立即数与寄存器/存储器操作 |

| 操作码 w | data | data if w＝1 | 立即数与累加器操作 |

由附录 2 可得指令码为 80 H～83 H 时的次操作码的编码为

```
        ADD  OR  ADC  SBB  AND  SUB  XOR  CMP
次操作码   0    1    2    3    4    5    6    7
```

因此,根据附录 2 我们构造这 8 条指令码如表 12-3 所示:

表 12-3

	助记符	参考码	助记符	参考码
0	ADD	00H	OR	08H
1	ADC	10H	SBB	18H
2	AND	20H	SUB	28H
3	XOR	30H	CMP	38H

这些参考码要在扫描汇编助记符指令时不断进行修正,如对 ADD W[BX＋SI],AX 指令加工过程是:当扫描出 ADD 时我们已经获得了参考码 00 H,再扫描到"W"时,我们知道这是字操作,故参考码加 1 即为 01H,并且由于这个"W"是出现在第一个操作数位置上也即是目的操作数,可知该指令一定是寄存器到存储器的操作,故 d 位为 0,因此参考码不再加"02H"。操作数域主要是形成机器码第 2 字节中的 mod 字段、reg 字段和 r/m 字段,这种形成方法已在第一部分说明过,故此不再赘述。注意,这 8 条指令还有区别:即对立即数操作来说,ADC、ADD、CMP、SBB、SUB 有符号扩展位,而其余 3 条指令 AND、OR 和 XOR 没有,故处理时要分别对待。对于立即操作数,只有当扫描到第二个操作数时,我们才能确定为立即数操作(如 ADD AX,1234 H,写成 ADD 1234 H,AX 则是错误的)。此时,如果第一操作数是 AX 或 AL(为累加器),则我们在原参考码上加 04 H(此种情况下不会出现 d 位为 1 的情况)并且不形成寻址方式的第二字节(不产生 mod、reg 及 r/m 这样字段),立即数紧接在参考码(此时已是该指令的机器码指令)之后。如果第一操作数并非 AX 或 AL,则取出参考码的 3～5 位（二进制）作为该指令的次操作码,如 SUB 的参考码为 28 H,即:

```
7 6 5 4 3 2 1 0
0 0 1 0 1 0 0 0
```

得到次操作码为 05 H。此时指令码应屏蔽掉原参考码的高 6 位（低两位保存着 s 位和 w 位信息）然后再加上 80 H 便得到所需的 80～83H 指令码。

上述的处理加工过程由子程序 SUB3 完成。

对子算术运算指令的 INC、DEC，由于指令格式与 PUSH 和 POP 很接近（见附录 2），故归于 PUSH 和 POP 的处理，即由子程序 SUB6 实现。

3．其他指令的分类处理

其他指令的分类处理如下：

（1）CALL、JMP 跳转指令的处理为子程序 SUB5。

（2）NOT、NEG、MUL、IMUL、DIV、IDIV 指令的处理为子程序 SUB7。

（3）IN、OUT 指令的处理为子程序 SUB8。

（4）短跳转类指令的处理为 SUB9。

（5）LEA、LDS、LES 处理为 SUB10。

（6）MOV 指令的处理为 SUB11；MOV 指令由于比较复杂，因此单独予以处理。

（7）移位类（RCL、RCR、ROL、ROR、SAL、SAR、SHL、SHR）指令处理为 SUB12。

（8）RET、RETF 指令的处理为 SUB13。

（9）TEST 指令的处理为 SUB14；TEST 指令格式与算术运算类指令类似，但又不含有 d 位和 s 位，故单独处理。

（10）XCHG 指令的处理为 SUB15；XCHG 指令格式也无法归到某一类指令处理中，因而单独处理。

（11）DW、DB（定义字、字节空间）处理为 SUB4；在 8086／8088 指令系统中无此指令，这是根据 8086／8088 汇编中的设置而增加的。

这些加工处理子程序都是根据各类指令的处理特点而设置的。由于具体处理的过程比较繁杂，故不再一一介绍。

12.2.2　8086／8088 小汇编的状态表及主控程序设计与实现

为了实现由汇编指令到机器指令的编译，我们将 8086／8088 汇编助记符分为二个域：操作码域和操作数域。操作码与机器指令几乎是一一对应的（少量指令存在第二操作码）；操作数域主要是确定机器码第二字节的 mod 域、r／m 域、reg 域的值，以及传送的方向 d 位、字还是字节操作 w 位和符号扩展 s 位，并根据 d、w、s 值（如果有的话）修改状态表中该指令对应的参考码；此外，还需根据 mod 的值（mod＝01 时，mod 和 r／m 域的操作数是存储器地址，它还带有一字节的位移；mod＝10 时，mod 和 r／m 域的操作则带有一字长的位移）、w 值和 s 值来调整并放置操作码单元之后寻址方式字节（如果有的话）以及操作数的位移字或字节；如果一操作数是立即数时，则后面还要有字或字节的立即数。整个机器码的长度在扫描汇编的同时还在不断进行修改,直到扫描完该汇编指令时,对应的机器码长度就完全确定了(机器码长度在 12.4 节的程序中记录在变量 m0 中)。为了使形成机器码指令的加工操作更简便,我们设置了一个工作数组如下:

work1	work2	work3	work4	work5	work6

work 数组就是用来暂存加工处理中的机器码指令的,由于 8086/8088 的机器码指令长度最多为 6 个字节,因此 work 数组的元素也是 6 个(以字节为单位)。这样对汇编指令的加工处理都是在 work 数组中进行的,直至最终形成完整的机器码指令。由于机器码指令的长度记录于 m0 中,最后再按 m0 指示的长度取出 work 数组中的机器码指令即可。

在处理中,还设置了 d0、w0、w1、reg、mod1、rm 变量来记录方向标志,第一和第二操作数的字或字节形式,以及产生寻址方式字节所需的 reg,mod1 和 rm 的值。

为了控制操作码域以及操作数域的扫描和加工处理,我们分别为操作码域和操作数域设计了相应的状态表。对应于操作码域的是状态表 1(表 12-4),由于状态表 1 较长,我们只进行原理性的示意。

表 12-4 中,字符栏的字符与扫描指针当前扫描到的字符进行匹配,若相等则根据对应的参考码值来决定是转向下一个状态还是转加工子程序处理。当参考码值为 0F H 时,一律根据转向/子程序栏的偏移值转下一状态继续扫描;若参考码值非 0F H 时,转向/子程序栏之值即为加工处理子程序的编号。由于转向与加工处理两者不同时存在,故为了节省状态表的存储空间将这两者共用一栏,即转向/子程序栏,究竟该栏的值是状态转向的偏移量还是加工子程序的编号便由参考码的值来判别。所以参考码栏担负着存放指令参考码并判别是转向还是加工处理的双重职责。

表 12-4　状态表 1

	字　　符	参考码	转向/子程序	
S1	A (41H)	0FH	36H	
	C (43H)	0FH	64H	
	⋮	⋮	⋮	
A0	A (41H)	0FH	09H	
	D (44H)	0FH	12H	
	N (6EH)	0FH	15H	
A1	A (41H)	37H	01H	AAA 指令参考码形成
	D (44H)	D5H	02H	AAD 指令参考码形成
	⋮	⋮	⋮	

例如，对指令 ADD 由状态表 1 控制扫描的过程如下：

首先由 S1 状态开始扫描指令 ADD 的第一个字符"A"，而状态 S1 所对应的字符恰好也是"A"，即匹配；查参考码栏值为 0F H，故转向/子程序栏存放的是状态转向的偏移值，据此偏移值转到状态 A0。

接下来扫描 AAD 的第二字符"A"，而状态 A0 所对应的字符也是"A"，这两者匹配，查参考码栏值仍为 0F H，故继续按转向/子程序栏中的偏移值转到状态 A1。

最后扫描到 AAD 的第三个字符"D"，而状态 A1 当前所对应的字符是"A"两者不匹配，此时应由状态表的当前位置下移一行，即指向状态 A1 的下一行（注意，不匹配时，由当前状态下移一行，若最终仍不能匹配则表明汇编指令书写有错），此时所对应的字符是"D"，与指令 AAD 的第三个字符匹配，仍查参考码栏，此时值为 D5 H（非 0F H），即为该指令的参考码，而转向/子程序栏的值此时为加工处理子程序的编号值，即系统按此编号转向相应的子程序进行加工处理。

那么，如何发现输入的汇编指令书写有误呢？假如误将指令 ADD 写成 ABD，那么在状态 A0 且扫描到 ABD 的第二字符"B"时，由于 A0 当前所对应的字符是"A"，故不匹配，由当前状态继续下移一行，再用当前新状态所对应的"D"与"B"进行匹配，仍不成功，则状态继续下移一行，此时用"N"与"B"匹配也不成功；到此认为输入的汇编指令格式书写有错。这里，我们使用了一个小技巧，因为字母大小写的 ASCII 码差异仅在高 4 位上，大写字母为"0100"，小写字母为"0110"，因此为了扫描判别的简便，对输入的字母我们都将其屏蔽为大写字母，而在状态表中，对每一类状态，除该类状态的最后一行的字母为小写外，其余均为大写字母。实际的比较过程是取出当前状态下对应的字符（字母），然后屏蔽为大写字母，再与当前扫描的大写字母比较，若不匹配再看当前状态下的这个字母值是否为小写（判断其值是否大于 60 H），若为小写，则是该类状态下所允许出现的最后一个字母，若仍不匹配，则转出错处理子程序执行。

根据上述思想，现在可以得出扫描状态表 1 的主控程序了。依照上面的例子，我们将主控程序用框图描述，如图 12-3 所示。

主控程序在实现时略加修改，这是因为对所有的 8086/8088 汇编指令在扫描第一个字符时不可能产生操作码（操作码字符至少为两个），而当由扫描的第一个字符转向下一个状态时，却由于转向的地址可能大于 FF H（256 个字节），故转向/子程序栏无法用一个字节来表示，对第一个字符扫描处理的状态表改为如表 12-5 所示的形式：

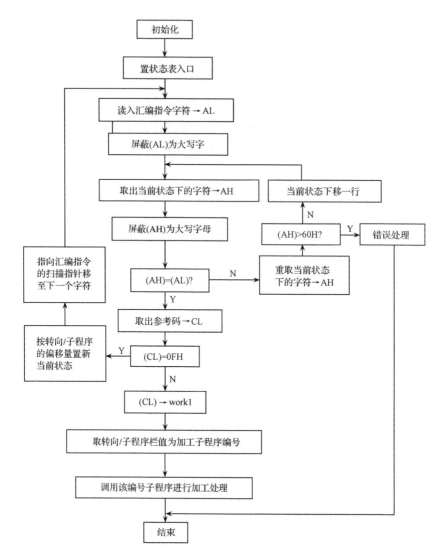

图 12-3 主控程序框图

表 12-5 修改后的第一个字符扫描处理的状态表

字　　符	转　　向
A（41H）	0033H
C（43H）	004EH
…	…
…	…
…	…
X（78H）	0276H

即省去了参考码栏而增加了状态转向栏的长度(为一个字),对于第二个及以后的字符扫描则同前述状态表 1(表 12-4)所示,没有变化。

为了加工处理的方便,对操作数域的扫描我们设置了 3 个状态表,其中主要的状态表 2 见表 12-6。

表 12-6　状态表 2

状态	符　号	参考码	状态改变	加工处理
S0	A(41H)	00	S2	01
	B(42H)	03	S15	01
	C(43H)	01	S4	01
	D(44H)	02	S5	01
	S(53H)	04	S6	01
	0FFH		0FFH	ERROR
入口→ S1	A(41H)	00	S2	01
	B(42H)	03	S3	01
	C(43H)	01	S4	01
	D(44H)	02	S5	01
	S(53H)	04	S6	01
S14	W(57H)	01	S7	14
	B(42H)	03	S7	15
S7	〔(5BH)	00	S8	02
	0FFH		0FFH	ERROR
S3	〔(5BH)	00	S8	02
S15	P(50H)	02	0FFH	03
S2	H(48H)	04	0FFH	04
	L(4CH)	00	0FFH	04
	X(58H)	00	0FFH	03
	0FFH		0FFH	ERROR
S5	I(49H)	05	0FFH	03
S4	H(48H)	04	0FFH	04
	L(4CH)	00	0FFH	04
	X(58H)	00	0FFH	03
	0FFH		0FFH	ERROR
S6	P(50H)	00	0FFH	03
	I(49H)	02	0FFH	03
	0FFH		0FFH	ERROR

续表

状态	符　号	参考码	状态改变	加工处理
S8	B(42H)	00	S9	15
S13	S(53H)	05	S10	05
	D(44H)	09	S10	12
	0FFH		0FFH	00
S9	P(50H)	02	S12	01
	X(58H)	01	S16	08
	0FFH		0FFH	ERROR
S10	I(49H)	00	S11	07
	0FFH		0FFH	ERROR
S11	](5DH)	00	0FFH	15
	+(2BH)	00	0FFH	06
	0FFH		0FFH	ERROR
S16	](5DH)	00	0FFH	15
S12	+(2BH)	00	S13	15
	0FFH		0FFH	ERROR

大多数加工处理子程序都是使用状态表 2(表 12-6)来扫描汇编指令中的操作数域。一方面检查操作数书写格式的正误;另一方面根据扫描所获得的信息来形成机器码指令的寻址方式字节以及后继各数据字节,同时也对存放在 work1 中的指令参考码进行修正。

进入状态表 2(表 12-6)的初始入口是 S1,若在当前状态下对应的符号栏字符与汇编指令中的操作数扫描指针所指向的字符匹配,则取出参考码单元 D 的内容相加后再送入 D,即(D)+参考码⇒D;然后根据加工处理栏指示的子程序编号转向相应的子程序进行加工处理;处理结束后再根据状态表的状态改变栏所指示的状态转向下一个状态继续进行扫描加工;如果此时状态栏的内容为 0FF H,则意味着对操作数域的扫描加工结束而跳出状态表 2 返回。如果当前状态对应的符号栏中的字符不与汇编指令操作数扫描指针所指示的字符匹配,则状态表下移一行继续寻求匹配直至符号栏中出现 0FF H 时则表示所输入的汇编指令操作数格式有误。

在进行操作数加工处理时,若是寄存器与寄存器之间的操作或是立即数与寄存器间的操作则相对容易些,麻烦的是存储器与寄存器或存储器与立即数的操作。对于前者,参考码直接给出该寄存器所对应的 reg 值或 r/m 值(mod=11),见表 12-7;而对于后者,则在查状态表的过程中,参考码是累加的,我们将可能的结果与对应的寄存器寻址方式列于表 12-8。

表 12-7　操作数加工处理表 1

寄存器		参考码
W=1	W=0	
AX	AL	000
CX	CL	001
DX	DL	010
BX	BL	011
SP	AH	100
BP	CH	101
SI	DH	110
DI	BH	111

表 12-8　操作数加工处理表 2

寻址格式	参考码(d)	对应 r/m 值
BX+SI	06H	000
BX+DI	0AH	001
BP+SI	07H	010
BP+DI	0BH	011
SI	05H	100
DI	09H	101
BP	02H	110
BX	01H	111

因此,通过查状态表的过程我们能够确定 reg 和 r/m 值,如果是立即数与寄存器操作,则根本不需要 mod 值(见附录 1);如果是寄存器之间的操作,则 mod 值必为 11。对于存储器与寄存器或立即数之间的操作,如果在状态表扫描到"]"之前没有立即数(即位移量)出现,则 mod=00,如果有立即数出现且为 8 位,即 mod=01;如果立即数为 16 位,则 mod=10。

注意,当 r/m=110,mod=00 时,由表 12-1 可知这是直接存储器寻址,即方括号"["和"]"中是一个立即数,这与表 12-8 的形式不符。由于这是一个特例,故在状态表 2(表 12-6)中当扫描到"["匹配时,则调用一个处理子程序预读汇编指令中"["后面的部分,如果是 16 位立即数即直接存储器寻址,则处理加工过程由该子程序完成,即置 r/m=110,mod=00;如果不是立即数,则该子程序的操作作废,继续按状态表 2 控制处理加工过程。

由附录 2 可知,INC、DEC、PUSH 和 POP 的操作数只有一个 16 位寄存器,故对此情况我们使用状态表 3 来扫描处理。状态表 3 的描述见表 12-9。

表 12-9　状态表 3

状态	符　号	参考码	状态改变	加工处理
S0	A (41H)	00	S2	01
	B (42H)	03	S3	01
	C (43H)	01	S2	01
	D (44H)	02	S1	01
	S (53H)	04	S4	01
	0FFH		0FFH	0A
S1	I (49H)	05	0FFH	03

续表

状态	符　号	参考码	状态改变	加工处理
S2	X (58H)	00	0FFH	03
	0FFH		0FFH	0A
S3	P (50H)	02	0FFH	03
	X (58H)	00	0FFH	03
	0FFH		0FFH	0A
S9	I (49H)	02	0FFH	03
	P (50H)	00	0FFH	03
	0FFH		0FFH	0A

此外,对段寄存器的操作还设置了状态表 4,这里就不再列举了。

状态表 2、状态表 3 和状态表 4 的格式都是一样的,因此可以公用一个查找程序,实际设计也是如此。

到此为止,我们已经对如何将一条汇编指令编译为机器码指令的各个阶段及在各阶段中所对应的加工处理操作有了较深入的了解,如果要了解 8086/8088 小汇编的具体实现细节,请参阅 12.4 节。

12.3　8086/8088 小汇编实验

12.3.1　实验一　8086/8088 小汇编操作过程

1. 实验目的

掌握 DEBUG 调试工具的使用方法,了解 8086/8088 小汇编的编译过程。

2. 实验内容

用工具软件 DEBUG 跟踪调试 8086/8088 小汇编编译汇编指令 AAA 和 AAD AL,02 的全部过程,记录当汇编查找状态表 1 以后所得到的指令参考码,以及数据区 DATA 中变量 MOD1、RM、D0、D1、W0、W1、T0、S0、M0 和 work1～work6 中存放的数据值;当编译生成该指令的全部机器码并返回到主控程序时,再记录上述各变量的值。

3. 实验要点及其说明

注意使用 DEBUG 调试工具调试 8086/8088 小汇编程序的方法,特别应掌握 DEBUG 中 G、T、U 等命令的使用,以及调试到 DOS 功能调用时,如 INT 21 时应用 G 命令跳过这个 DOS 功能调用的执行过程,以免调试过程的复杂化。

4. 示例

```
C：\MASM\H88.EXE      /＊ 运行小汇编程序 ＊/
```

```
MOV AX,BX
89D8                    /* MOV AX,BX 的机器码 */
MOV W[1234],5678
C70634127856
ADD AX,1234
053412
CALL CX
FFD1
```

注意,我们这里的小汇编程序是为 16 位教学机开发的,目前已在几十所高校得到应用。为了适应实践教学,我们取掉了将整个汇编程序翻译成机器指令程序的功能,而是输入一条汇编指令就得到与其对应的机器指令代码,这样,条件转移指令所要求的地址环境就不存在,故条件转移指令的翻译不能进行(但其翻译子程序本身是正确的,并仍保留在小汇编程序中)。

12.3.2　实验二　8086/8088 的 XCHG 指令的编译

1. 实验目的

通过一条简单指令编译的设计来初步了解编译实现的方法。

2. 实验内容

通过附录 1 和附录 2,在掌握第 2 章的基础上设计实现 XCHG 指令的加法子程序 SUB15(删去原小汇编中的 SUB15)看看所设计的子程序能否实现正确的编译。

3. 实验要点及其说明

8086/8088 的 XCHG 指令机内码格式为:

| 86H / 87H | mod reg r/m | 寄存器 /存储器 ⟷ 寄存器 |

| 10010 reg | 寄存器⟷ 累加器 |

参考原 SUB15,重新设计出编译 XCHG 指令的功能。应注意原 SUB15 是如何设计的,然后再进行自己的设计编程。

12.3.3　实验三　移位类指令加工处理子程序设计

1. 实验目的

通过移位类指令加工处理子程序的设计来进一步了解编译的实现过程。

2. 实验内容

设计实现移位类指令 RCL、RDR、ROL、SAL、SAR、SHL、SHR 的加工处理子程序取代原小汇编程序中的 SUB12。

3. 实验要点及说明。

8086/8088 的移位类指令的机器码格式为：

D0H～D3H	Vw	mod 次操作码 r/m

其中

$$V=\begin{cases}0, & \text{移位位距为 1}\\1, & \text{移位位距在计数器 CL 中}\end{cases}$$

次操作码为：

0	1	2	3	4	5	6	7
ROL	ROR	RCL	RCR	SHL	SHR		SAR
r/m	r/m	r/m	r/m	r/m	r/m		r/m

移位类指令涉及次操作码的处理,在设计程序时应予以注意。

12.3.4　实验四　算术类指令加工处理子程序设计

1. 实验目的

(1)通过算术类指令(可不包括 INC、DEC)加工处理子程序的设计来掌握一般加工处理子程序的设计方法。

(2)掌握 8086/8088 小汇编加工处理子程序对各种指令格式的处理方法。

2. 实验内容

设计实现算术类指令 ADC、ADD、AND、CMP、SBB、SUB、OR、XOR 的加工处理子程序,来取代原小汇编程序中的 SUB3,并验证该子程序的正确性。

3. 实验要点及说明

算术类指令的格式包含了 8086/8088 指令系统中大多数指令的格式,掌握了算术类指令加工处理的方法就掌握了 8086/8088 指令系统的加工处理的主要内容。而其他类指令的处理(除 MOV 指令外)要相对容易一些。

12.3.5　实验五　状态表的设计

1. 实验目的

(1)通过状态表的设计来了解一般状态表的设计与实现方法。

(2)了解状态表在编译过程中的作用。

2. 实验内容

设计实现操作数域加工处理控制的状态表 2,来取代原状态表 2,并检验设计的状态表是否正确。

3. 实验要点及说明

状态表的设计难度较大,因为状态表一方面扫描输入的字符,检验是否存在句法或语法错误；另一方面又要根据面对的输入符号进行加工处理。此外，状态表还要尽可能精炼有效，并且在设计完成后还需检验其设计的正确性。一旦设计不好，很可能导致控制失败或编译出错误的机器代码，故设计中应特别注意。

12.4　8086/8088 小汇编程序

```
;PROGRAM IS INTER-8088 ASSEMBLE
name asm88
;       ***************************************************************
code segment
main proc far                              ;主控程序
    assume cs:code,ds:data,ss:stack1
start:
;set up ds register to current data segment
    mov ax,data
    mov ds,ax
    mov ax,2000h
    mov es,ax
;set up ss register to current stack segment
    mov ax,stack1
    mov ss,ax
    mov sp,offset tos
;main part of program goes here
;       ***************************************************
    mov ax,source
    mov bx,dest1
    mov es:[bx],ax
start1: mov bx,w1
    mov es:[bx],byte ptr 0
    mov bx,work1
    mov es:[bx+1],byte ptr 0
    mov bx,m0
    mov es:[bx],byte ptr 0
    call key_source
    mov bx,offset state1
```

```
        mov si,source
        mov al,es:[si]
        and al,0dfh
a1:     mov ah,[bx]
        and ah,0dfh
        cmp al,ah
        jz l0
        mov ah,[bx]
        cmp ah,60h
        jge er
        add bx,byte ptr 3
        jmp a1
l0:     mov ch,[bx+1]
        mov cl,[bx+2]
        add bx,cx
l1:     inc si
        mov al,es:[si]
        and al,0dfh
l2:     mov ah,[bx]
        and ah,0dfh
        cmp al,ah
        jz l3
        mov ah,[bx]
        cmp ah,60h
        jge er
        add bx,03h
        jmp l2
l3:     mov cl,[bx+1]
        cmp cl,0fh
        jz l4
        push bx
        mov bx,work1
        mov es:[bx],cl
        pop bx
        mov bl,[bx+2]
```

```
        cmp bl,10h
        jl t1
        inc si
        mov al,es:[si]
        cmp al,20h
        jnz er
        and bl,0fh
t1：    shl bl,1
        mov bh,0h
        add bx,offset subin1
        push bx
        call sub00
        pop bx
        mov cx,[bx]
        call cx
        jmp start1
l4：    mov cl,[bx + 2]
        mov ch,0h
        add bx,cx
        jmp l1
er：    call erro
        ret
;       *********************************************************
key_source proc near            ;键盘输入子程序
        mov bx,source
so0:mov ah,1
        int 21h
        mov es:[bx],al
        cmp al,08h
        jnz a0
        dec bx
        jmp so0
 a0：   cmp al,0ah
        jz so1
        cmp al,0dh
```

```
        jz so1
        inc bx
        jmp so0
so1:mov ah,2
        mov dl,0ah
        int 21h
        mov dl,0dh
        int 21h
        ret
key_source endp
;    **************************************************
erro proc near                          ;错误显示
        mov bx,m0
        mov es:[bx],byte ptr 0
        mov dx,offset err1
        mov ah,9
        int 21h
        mov ah,4ch
        int 21h
        ret
erro endp
;    **************************************************
sub00 proc near                         ;空格滤除
        push si
        inc si
        mov bx,si
sl0:mov al,es:[si]
        cmp al,20h
        jnz sl1
        inc si
        jmp sl0
sl1:mov es:[bx],al
        cmp al,0dh
        jz sl2
        inc si
```

```
      inc bx
      jmp sl0
sl2:pop si
      ret
sub00 endp
;   ************************************************************
subend proc near                    ;汇编结果输出
      mov si,dest1
      mov bx,m0
      mov cl,es:[bx]
      mov bx,work1
ed1:mov al,es:[bx]
      mov es:[si],al
      dec cl
      cmp cl,0
      jz ed2
      inc bx
      inc si
      jmp ed1
ed2:inc si
      mov bx,offset dest1
      mov es:[bx],si
;This is output data assembled
      mov bx,m0
      mov ch,es:[bx]
      mov bx,work1
out1:mov dl,es:[bx]
      mov al,dl
      and al,0f0h
      mov cl,4
      ror al,cl
      cmp al,9
      jg dd1
      add al,30h
      jmp dd2
```

```
dd1:add al,37h
dd2:mov ah,dl
    mov dl,al
    mov cl,ah
    mov ah,2
    int 21h
    and cl,0fh
    cmp cl,9
    jg dd3
    add cl,30h
    jmp dd4
dd3:add cl,37h
dd4:mov dl,cl
    mov ah,2
    int 21h
    inc bx
    dec ch
    cmp ch,0
    jz eded
    jmp out1
eded:mov dl,0ah
    int 21h
    mov dl,0dh
    int 21h
;outdata end
    ret
subend endp
;    *********************************************
subd proc near
    mov bx,m0
    mov es:[bx],byte ptr 1
    call subend
    ret
subd endp
;    *********************************************
```

```
sub1 proc near                          ;单字节无操作数域指令处理
    mov bx,m0
    mov byte ptr es:[bx],1
    inc si
    mov al,es:[si]
    cmp al,0dh
    jnz er1
    call subend
    jmp e11
er1:call erro
e11:ret
sub1 endp
;   ********************************************************
sub2 proc near                          ;双字节无操作数域指令处理
    mov bx,work1
    mov es:[bx+1],byte ptr 0ah
    mov bx,m0
    mov es:[bx],byte ptr 2
    inc si
    mov al,es:[si]
    cmp al,0dh
    jnz er2
    call subend
    jmp e22
er2:call erro
e22:ret
sub2 endp
;   ********************************************************
sub3 proc near                          ;算术类指令处理
    mov di,m0
    mov es:[di],byte ptr 2
    mov bx,work1
    mov al,es:[bx]
    mov es:[bx+6],al
    mov bx,offset state2
```

```
        add bx,18h
        call substate2
        mov bx,work1
        mov di,w0
        mov al,es:[di]
        mov di,w1
        mov es:[di],al
        cmp al,1
        jnz c30
        add es:[bx],byte ptr 1
c30:mov di,reg
        mov al,es:[di]
        cmp al,1
        jnz c31
        jmp t31
c31:add es:[bx],byte ptr 2
        mov di,rm
        mov al,es:[di]
        mov cl,3
        rol al,cl
        mov es:[bx+1],al
        jmp l30
t31:call subw2
l30:inc si
        mov al,es:[si]
        cmp al,2ch
        jz l300
        jmp er3
l300:call subab
        cmp ah,1
        jnz l30a
        jmp l31
l30a:mov es:[bx+5],al
        call subab
        cmp ah,1
```

```
        jnz l301
        jmp l32
l301:mov es:[bx + 4],al
        mov di,m0
        add es:[di],byte ptr 2
        mov di,w0
        mov al,es:[di]
        cmp al,1
        jnz er3
        mov di,mod1
        mov al,es:[di]
        cmp al,3
        jnz t301
        mov di,rm
        mov al,es:[di]
        cmp al,0
        jnz t301
l303:add es:[bx + 6],byte ptr 5
        mov al,es:[bx + 6]
        mov es:[bx],al
        mov di,m0
        sub es:[di],byte ptr 1
        call workb
        jmp ed3
t301:mov al,es:[bx + 5]
        cmp al,0
        jnz t302
        mov es:[bx],byte ptr 83h
        mov di,m0
        sub es:[di],byte ptr 1
        mov al,es:[bx + 4]
        mov es:[bx + 2],al
        jmp t303
t302:mov es:[bx],byte ptr 81h
        call workb
```

```
t303:mov di,reg
     mov al,es:[di]
     cmp al,0
     jnz t305
     mov al,es:[bx+1]
     mov cl,3
     ror al,cl
     add al,0c0h
t304:or al,es:[bx+6]
     mov es:[bx+1],al
     jmp ed3
t305:mov al,es:[bx+1]
     jmp t304
er3:call erro
     jmp edd31
l31:mov di,reg
     mov al,es:[di]
     cmp al,1
     jnz t36
     mov bx,offset state2
     call substate2
     mov bx,work1
     mov di,rm
     mov al,es:[di]
     mov cl,3
     rol al,cl
     add es:[bx+1],al
     mov di,w0
     mov al,es:[di]
     mov di,w1
     mov ah,es:[di]
     cmp al,ah
     jnz er3
     jmp ed3
t36:mov bx,offset state2
```

```
        add bx,18h
        call substate2
        call subw2
        mov di,w0
        mov al,es:[di]
        mov di,w1
        mov ah,es:[di]
        cmp al,ah
        jnz er3
        jmp ed3
l32:mov di,w0
        mov al,es:[di]
        cmp al,0
        jnz t321
        mov di,mod1
        mov al,es:[di]
        cmp al,3
        jnz t321
        mov di,rm
        mov al,es:[di]
        cmp al,0
        jnz t321
        add es:[bx + 6],byte ptr 4
        mov al,es:[bx + 6]
        mov es:[bx],al
        call worka
        jmp ed3
t321:mov di,m0
        add es:[di],byte ptr 1
        call worka
        mov di,reg
        mov al,es:[di]
        cmp al,1
        jnz t32
        mov al,es:[bx + 1]
```

```
t322:or al,es:[bx+6]
     mov es:[bx+1],al
     mov es:[bx],byte ptr 80h
     mov di,w0
     mov al,es:[di]
     cmp al,0
     jz t33
     mov al,es:[bx+6]
     cmp al,8
     jz err3
     cmp al,20h
     jz err3
     cmp al,30h
     jz err3
     mov es:[bx],byte ptr 83h
t33:jmp ed3
err3:call erro
     jmp edd31
t32:mov di,w0
    mov al,es:[di]
    mov di,w1
    mov ah,es:[di]
    cmp al,ah
    jnz err3
    mov di,rm
    mov al,es:[di]
    cmp al,0
    jnz t38
    mov al,es:[bx+6]
    add al,4
    mov es:[bx],al
    and al,7
    cmp al,4
    jnz t37
    mov di,w0
```

```
      mov al,es:[di]
      cmp al,1
      jz err3
t37:mov di,m0
      sub es:[di],byte ptr 1
      mov al,es:[bx+5]
      mov es:[bx+1],al
      jmp edd3
t38:mov al,es:[bx+1]
      mov cl,3
      ror al,cl
      add al,0c0h
      jmp t322
ed3:inc si
      mov al,es:[si]
      cmp al,0dh
      jnz err3
edd3:call subend
edd31:ret
sub3 endp
;    ********************************************************
sub4 proc near                        ;定义字或字节空间(DW,DB)
      inc si
      mov al,es:[si]
      cmp al,0dh
      jnz er4
      mov di,m0
      mov bx,work1
      mov al,es:[bx]
      cmp al,1
      jnz t41
      mov es:[bx],byte ptr 0
      mov es:[di],byte ptr 1
      jmp short ed4
t41:  mov es:[bx],byte ptr 0
```

```
        mov es:[bx+1],byte ptr 0
        mov es:[di],byte ptr 2
ed4: call subend
        jmp short ed41
er4:call erro
ed41:ret
sub4 endp
;   ************************************************
sub5 proc near                                ;CALL、JMP 指令处理
        mov di,t0
        mov es:[di],byte ptr 0
        push si
        inc si
        mov al,es:[si]
        and al,0dfh
        cmp al,46h
        jnz t54
        inc si
        mov al,es:[si]
        and al,0dfh
        cmp al,41h
        jnz t54
        inc si
        mov al,es:[si]
        and al,0dfh
        cmp al,52h
        jnz t54
        mov di,t0
        mov es:[di],byte ptr 1
        pop bx
        jmp t50
t54: pop si
        call subab
        cmp ah,1
        jnz l50
```

```
         jmp t50
l50： mov dh,al
         call subab
         cmp ah,1
         jnz t51
         jmp er5
t51： mov dl,al
         inc si
         mov al,es：[si]
         cmp al,0dh
         jnz l51
         mov cx,dx
         mov di,dest1
         mov dx,es：[di]
         mov bx,work1
         sub cx,dx
         js ljp2
         cmp cx,07fh
         jg ljp1
ljp0： mov al,es：[bx]
         cmp al,0e9h
         jnz ljp1
         sub cl,2
         mov es：[bx],byte ptr 0ebh
         mov es：[bx+1],cl
         mov di,m0
         mov es：[di],byte ptr 2
         jmp ed5
ljp1： sub cx,3
         mov es：[bx+1],cx
         mov di,m0
         mov es：[di],byte ptr 3
         jmp ed5
ljp2： cmp cx,0ff82h
         jge ljp0
```

```
          jmp ljp1
l51：cmp al,3ah
          jnz er5
          mov cx,bx
          mov bx,work1
          mov es：[bx + 3],dx
          call subab
          cmp ah,1
          jz er5
          mov bh,al
          call subab
          cmp ah,1
          jz er5
          mov bl,al
          mov cx,bx
          mov bx,work1
          mov es：[bx + 1],cx
          mov al,es：[bx]
          cmp al,0e8h
          jnz t52
          mov es：[bx],byte ptr 9ah
          jmp short t53
er5：call erro
          jmp ed51
t52：mov es：[bx],byte ptr 0eah
t53：mov di,m0
          mov es：[di],byte ptr 5
          jmp es5
t50：mov bx,offset state2
          add bx,18h
          call substate2
          call subw2
          mov bx,work1
          mov di,w0
          mov al,es：[di]
```

```
        cmp al,1
        jnz er5
        mov di,t0
        mov al,es:[di]
        cmp al,1
        jz t55
        mov al,es:[bx]
        cmp al,0e8h
        jnz t56
        add es:[bx+1],byte ptr 10h
        jmp short t57
t56:    add es:[bx+1],byte ptr 20h
        jmp short t57
t55:    mov al,es:[bx]
        cmp al,0e8h
        jnz t58
        add es:[bx+1],byte ptr 18h
        jmp short t57
t58:    add es:[bx+1],byte ptr 28h
t57:    mov es:[bx],byte ptr 0ffh
        mov di,m0
        mov es:[di],byte ptr 2
        mov di,mod1
        mov al,es:[di]
        cmp al,1
        jnz t571
        mov di,m0
        add es:[di],byte ptr 1
        call worka
t571:   cmp al,2
        jz t572
        cmp al,0
        jnz es5
        mov di,rm
        mov al,es:[di]
```

```
        cmp al,6
        jnz es5
t572: mov di,m0
        add es:[di],byte ptr 2
        call workb
es5: inc si
        mov al,es:[si]
        cmp al,0dh
        jz ed5
        jmp er5
ed5: call subend
ed51: ret
sub5 endp
;    **************************************************
sub6 proc near                        ;PUSH、POP、INC、DEC 指令处理
        mov di,m0
        mov es:[di],byte ptr 1
        mov bx,work1
        mov al,es:[bx]
        cmp al,50h
        jl l610
        push si
        push ax
        call substate4
        pop ax
        mov di,s0
        mov ah,es:[di]
        cmp ah,1
        jnz l61
        mov di,rm
        mov ah,es:[di]
        cmp ah,4
        jnz t60
        pop di
        jmp er6
```

```
t60: mov cl,3
     rol ah,cl
     cmp al,50h
     jnz t61
     add ah,6
     jmp short t62
t61: add ah,7
t62: mov bx,work1
     mov es:[bx],ah
     pop di
     cmp ah,0fh
     jz er6
     jmp es6
er6: call erro
     jmp ed6
l61: pop si
l610: push si
      call substate3
      mov bx,work1
      mov di,t0
      mov al,es:[di]
      cmp al,1
      jz l62
      mov di,rm
      mov al,es:[di]
      add es:[bx],al
      pop di
      jmp short es6
l62: pop si
     mov di,m0
     mov es:[di],byte ptr 2
     mov bx,offset state2
     add bx,18h
     call substate2
     call subw2
```

```
        mov bx,work1
        mov al,es:[bx]
        cmp al,50h
        jl l620
        mov di,w0
        mov ah,es:[di]
        cmp ah,1
        jnz er6
l620：cmp al,40h
        jz t63
        cmp al,48h
        jnz t64
        add es:[bx + 1],byte ptr 8
t63：mov es:[bx],byte ptr 0feh
        mov di,w0
        mov al,es:[di]
        cmp al,1
        jnz es6
        mov es:[bx],byte ptr 0ffh
        jmp short es6
t64：cmp al,50h
        jnz t65
        add es:[bx + 1],byte ptr 30h
        mov es:[bx],byte ptr 0ffh
        jmp short es6
t65：mov es:[bx],byte ptr 8fh
es6：inc si
        mov al,es:[si]
        cmp al,0dh
        jz ed60
        jmp er6
ed60：call subend
ed6：ret
sub6 endp
;    ************************************************
```

```
sub7 proc near                        ;NOT、NEG、MUL、IMUL、DIV、IDIV 指令处理
     mov di,m0
     mov es:[di],byte ptr 2
     mov bx,offset state2
     add bx,18h
     call substate2
     call subw2
     mov bx,work1
     mov al,es:[bx]
     mov cl,3
     rol al,cl
     add es:[bx+1],al
     mov es:[bx],byte ptr 0f6h
     mov di,w0
     mov al,es:[di]
     cmp al,1
     jnz l71
     mov es:[bx],byte ptr 0f7h
l71: inc si
     mov al,es:[si]
     cmp al,0dh
     jnz er7
     call subend
     jmp ed7
er7: call erro
ed7: ret
sub7 endp
;    ****************************************************
sub8 proc near                        ;IN、OUT 指令处理
     mov bx,work1
     mov di,w0
     mov es:[di],byte ptr 0
     mov di,m0
     mov es:[di],byte ptr 2
     mov al,es:[bx]
```

```
        cmp al,0cdh
        jnz l80
        call subab
        cmp ah,1
        jnz t81
        jmp er8
t81: mov es:[bx + 1],al
        jmp t84
l80: cmp al,0e6h
        jnz l81
        call subab
        cmp ah,1
        jnz l82
        call substate3
        mov bx,d0
        mov al,es:[bx]
        cmp al,2
        jz l800
        jmp er8
l800: mov di,m0
        mov es:[di],byte ptr 1
        mov bx,work1
        mov es:[bx],byte ptr 0eeh
        jmp l821
l82: mov es:[bx + 1],al
        call subab
        cmp ah,1
        jz l821
        mov ah,es:[bx + 1]
        mov es:[bx + 1],al
        mov es:[bx + 2],ah
        mov di,m0
        mov es:[di],byte ptr 3
        mov di,w1
        mov es:[di],byte ptr 1
```

```
l821: inc si
      mov al,es:[si]
      cmp al,2ch
      jnz er8
181:  inc si
      mov al,es:[si]
      and al,0dfh
      cmp al,41h
      jnz er8
      inc si
      mov al,es:[si]
      and al,0dfh
      cmp al,4ch
      jz l83
      cmp al,58h
      jnz er8
      add es:[bx],byte ptr 1
183:  inc si
      mov al,es:[si]
      cmp al,0dh
      jnz l831
      mov al,es:[bx]
      cmp al,0e6h
      jl er8
      jmp ed8
l831: cmp al,2ch
      jz t82
er8:  call erro
      jmp ed81
t82:  mov al,es:[bx]
      cmp al,0e5h
      jg er8
      call subab
      cmp ah,1
      jz t83
```

```
        mov es:[bx+1],al
        call subab
        cmp ah,1
        jz t821
        mov ah,es:[bx+1]
        mov es:[bx+1],al
        mov es:[bx+2],ah
        mov di,m0
        mov es:[di],byte ptr 3
        mov di,w1
        mov es:[di],byte ptr 1
t821: mov di,w0
        mov al,es:[di]
        mov di,w1
        mov ah,es:[di]
        cmp al,ah
        jnz er8
        jmp t84
t83: call substate3
        mov bx,d0
        mov al,es:[bx]
        cmp al,2
        jnz er8
        mov di,m0
        mov es:[di],byte ptr 1
        mov bx,work1
        add es:[bx],byte ptr 8
t84: inc si
        mov al,es:[si]
        cmp al,0dh
        jnz er8
ed8: call subend
ed81: ret
sub8 endp
;    ************************************************
```

```
sub9 proc near                           ;条件转移指令处理
     call subab
     cmp ah,1
     jz er9
     mov dh,al
     call subab
     cmp ah,1
     jz er9
     mov dl,al
     mov di,dest1
     mov cx,es:[di]
     sub dx,cx
     sub dx,2
     js lj1
     cmp dx,07fh
     jg er9
     jmp lj2
lj1： cmp dx,0ff80h
     jl er9
lj2： mov bx,work1
     mov es:[bx+1],dl
     mov di,m0
     mov es:[di],byte ptr 2
     inc si
     mov al,es:[si]
     cmp al,0dh
     jnz er9
     call subend
     jmp short ed9
er9： call erro
ed9： ret
sub9 endp
;    **************************************************
sub10 proc near                          ;LEA、LDS、LES 指令处理
     mov bx,offset state2
```

```
        call substate2
        mov di,w0
        mov al,es:[di]
        mov di,w1
        mov es:[di],al
        mov di,m0
        mov es:[di],byte ptr 2
        mov di,rm
        mov al,es:[di]
        mov cl,3
        rol al,cl
        mov bx,work1
        mov es:[bx + 1],al
        inc si
        mov al,es:[si]
        cmp al,2ch
        jnz era
        mov bx,offset state2
        add bx,18h
        call substate2
        call subw2
        mov di,w0
        mov al,es:[di]
        mov di,w1
        mov ah,es:[di]
        cmp al,ah
        jnz era
        inc si
        mov al,es:[si]
        cmp al,0dh
        jnz era
        call subend
        jmp short eda
era: call erro
eda: ret
```

```
sub10 endp
;    ****************************************************
sub11 proc near                          ;MOV 指令处理
      push si
      call substate4
      mov di,m0
      mov es:[di],byte ptr 2
      mov bx,work1
      mov di,s0
      mov al,es:[di]
      cmp al,1
      jnz lb1
      mov es:[bx],byte ptr 8eh
      mov di,rm
      mov al,es:[di]
      cmp al,1
      jnz tb01
      pop si
      jmp eb
tb01：mov cl,3
      rol al,cl
      mov es:[bx+1],al
      inc si
      mov al,es:[si]
      cmp al,2ch
      jz tb02
      pop si
      jmp eb
tb02：push si
      call subab
      cmp ah,1
      jz tb001
      pop si
      pop si
      jmp eb
```

```
tb001: pop si
       mov bx,offset state2
       add bx,18h
       call substate2
       call subw2
       mov di,w0
       mov al,es:[di]
       cmp al,1
       jz tb00
       pop si
       jmp eb
tb00: inc si
       mov al,es:[si]
       cmp al,0dh
       pop si
       jnz tb111
       jmp far ptr edb
tb111: jmp eb
lb1: pop si
       mov bx,offset state2
       add bx,18h
       call substate2
       mov bx,work1
       mov di,w0
       mov al,es:[di]
       mov di,w1
       mov es:[di],al
       mov di,mod1
       mov al,es:[di]
       cmp al,0
       jnz tb1
       mov di,rm
       mov al,es:[di]
       cmp al,6
       jnz tb1
```

```
            call workb
            inc si
            mov al,es:[si]
            cmp al,2ch
            jnz eb
            inc si
            mov al,es:[si]
            and al,0dfh
            cmp al,41h
            jz tb21
            jmp tb70
     tb21:  mov di,m0
            sub es:[di],byte ptr 1
            mov es:[bx],byte ptr 0a2h
            inc si
            mov al,es:[si]
            and al,0dfh
            cmp al,4ch
            jz tb2
            cmp al,58h
            jz tb210
            cmp al,48h
            jnz eb
            dec si
            mov di,m0
            add es:[di],byte ptr 1
            jmp tb70
    tb210:  mov es:[bx],byte ptr 0a3h
     tb2:   mov di,m0
            mov es:[di],byte ptr 3
            call workb
            jmp far ptr esb
     eb:    call erro
            jmp far ptr edb
     tb1:   call subw2
```

```
        inc si
        mov al,es:[si]
        cmp al,2ch
        jnz eb
        call subab
        cmp ah,1
        jnz tb10
        jmp lb2
tb10: mov es:[bx+5],al
        mov es:[bx],byte ptr 0c6h
        call subab
        cmp ah,1
        jnz tb11
        mov di,m0
        add es:[di],byte ptr 1
        mov di,w0
        mov es:[di],byte ptr 0
        call worka
        jmp tb12
tb11: mov es:[bx+4],al
        mov es:[bx],byte ptr 0c7h
        mov di,m0
        add es:[di],byte ptr 2
        mov di,w0
        mov es:[di],byte ptr 1
        call workb
tb12: mov di,w0
        mov al,es:[di]
        mov di,w1
        mov ah,es:[di]
        cmp al,ah
        jnz eb
tb3: inc si
        mov al,es:[si]
        cmp al,0dh
```

```
        jnz eb
        mov di,mod1
        mov al,es:[di]
        cmp al,3
        jz tb4
        jmp edb
tb4: mov al,es:[bx]
        cmp al,0c6h
        jnz tb5
        mov di,rm
        mov al,es:[di]
        add al,0b0h
        mov es:[bx],al
        mov di,m0
        mov es:[di],byte ptr 2
        call worka
        jmp edb
lb2: push si
        call substate4
        mov di,s0
        mov al,es:[di]
        cmp al,1
        jnz tb7
lb21: mov bx,work1
        mov es:[bx],byte ptr 8ch
        mov di,rm
        mov al,es:[di]
        mov cl,3
        rol al,cl
        add es:[bx+1],al
        pop di
        jmp esb
tb5: mov di,w0
        mov al,es:[di]
        cmp al,1
```

```
        jz tb50
        jmp erb
tb50: mov di,rm
        mov al,es:[di]
        add al,0b8h
        mov es:[bx],al
        mov di,m0
        mov es:[di],byte ptr 3
        call workb
        jmp edb
tb7: pop si
        jmp tb701
tb70: dec si
        mov es:[bx+1],byte ptr 6
        push si
        call substate4
        mov di,s0
        mov al,es:[di]
        cmp al,1
        jz lb21
        pop si
        mov bx,work1
        push si
        call subab
        pop si
        cmp ah,1
        jz tb701
        call subab
        mov es:[bx+5],al
        call subab
        cmp ah,1
        jnz tb770
        mov es:[bx],byte ptr 0c6h
        mov di,m0
        add es:[di],byte ptr 1
```

```
        call worka
        mov bx,w1
        mov es:[bx],byte ptr 0
        jmp tb771
tb770: mov es:[bx + 4],al
        mov es:[bx],byte ptr 0c7h
        mov di,m0
        add es:[di],byte ptr 2
        call workb
        mov bx,w1
        mov es:[bx],byte ptr 1
tb771: mov al,es:[bx]
        mov bx,w0
        mov ah,es:[bx]
        cmp al,ah
        jnz erb
        jmp esb
tb701: mov di,reg
        mov al,es:[di]
        cmp al,1
        jnz tb71
        mov bx,offset state2
        jmp tb72
tb71: mov bx,offset state2
        add bx,18h
tb72: call substate2
        mov bx,work1
        mov di,w0
        mov al,es:[di]
        mov di,w1
        mov ah,es:[di]
        cmp al,ah
        jnz erb
        mov di,mod1
        mov al,es:[di]
```

```
        cmp al,0
        jnz tb8
        mov di,rm
        mov al,es:[di]
        cmp al,6
        jnz tb8
        mov al,es:[bx+1]
        and al,0fh
        cmp al,0
        jnz tb8
        mov es:[bx],byte ptr 0a0h
        mov di,w1
        mov al,es:[di]
        cmp al,1
        jnz tb9
        mov es:[bx],byte ptr 0a1h
tb9:    mov di,m0
        mov es:[di],byte ptr 3
        call workb
        jmp esb
erb:    call erro
        jmp edb1
tb8:    mov di,mod1
        mov al,es:[di]
        cmp al,3
        jz tba
        mov al,es:[bx+1]
        cmp al,0c0h
        jl erb
        and al,0fh
        mov cl,3
        rol al,cl
        mov es:[bx+1],al
        call subw2
        mov es:[bx],byte ptr 8ah
```

```
        mov di,w0
        mov al,es:[di]
        cmp al,1
        jnz tbb
        mov es:[bx],byte ptr 8bh
tbb:    jmp esb
tba:    mov di,rm
        mov al,es:[di]
        mov cl,3
        rol al,cl
        add es:[bx+1],al
        mov es:[bx],byte ptr 88h
        mov di,w0
        mov al,es:[di]
        cmp al,1
        jnz esb
        mov es:[bx],byte ptr 89h
esb:    inc si
        mov al,es:[si]
        cmp al,0dh
        jnz erb
edb:    call subend
edb1:   ret
sub11 endp
;       ****************************************************
sub12 proc near                          ;移位类指令处理
        mov di,m0
        mov es:[di],byte ptr 2
        mov bx,work1
        mov al,es:[bx]
        mov cl,3
        rol al,cl
        mov es:[bx+1],al
        mov es:[bx],byte ptr 0d0h
        mov bx,offset state2
```

```
        add bx,18h
        call substate2
        call subw2
        mov bx,work1
        mov di,w0
        mov al,es:[di]
        cmp al,1
        jnz lc1
        mov es:[bx],byte ptr 0d1h
lc1: inc si
        mov al,es:[si]
        cmp al,2ch
        jnz erc
        inc si
        mov al,es:[si]
        cmp al,31h
        jnz lc11
        jmp edc
lc11: and al,0dfh
        cmp al,43h
        jnz erc
        inc si
        mov al,es:[si]
        and al,0dfh
        cmp al,4ch
        jnz erc
        add es:[bx],byte ptr 2
edc: inc si
        mov al,es:[si]
        cmp al,0dh
        jnz erc
        call subend
        jmp edc1
erc: call erro
edc1: ret
```

```
sub12 endp
;  ********************************************************
sub13 proc near                              ;RET、RETF 指令处理
    mov bx,work1
    mov di,m0
    mov es:[di],byte ptr 1
    mov al,es:[si]
    cmp al,0dh
    jz edd
    call subab
    cmp ah,1
    jz ld1
    mov es:[bx + 2],al
    call subab
    cmp ah,1
    jz erd
    mov es:[bx + 1],al
    dec byte ptr es:[bx]
    mov di,m0
    mov es:[di],byte ptr 3
ld1: inc si
    mov al,es:[si]
    cmp al,0dh
    jz edd
erd: call erro
    jmp edd1
edd: call subend
edd1: ret
sub13 endp
;  ********************************************************
sub14 proc near                              ;TEST 指令处理
    mov di,m0
    mov es:[di],byte ptr 2
    mov di,t0
    mov es:[di],byte ptr 0
```

```
        mov bx,offset state2
        add bx,18h
        call substate2
        mov bx,work1
        inc si
        mov al,es:[si]
        cmp al,2ch
        jnz ere
        call subab
        cmp ah,1
        jnz te00
        jmp le1
te00:   mov es:[bx+5],al
        call subw2
        call subab
        cmp ah,1
        jnz te0
        mov es:[bx],byte ptr 0f6h
        mov di,m0
        add es:[di],byte ptr 1
        call worka
        jmp te01
te0:    mov es:[bx+4],al
        mov es:[bx],byte ptr 0f7h
        mov di,m0
        add es:[di],byte ptr 2
        call workb
        mov di,w1
        mov es:[di],byte ptr 1
te01:   mov di,w0
        mov al,es:[di]
        mov di,w1
        mov ah,es:[di]
        cmp al,ah
        jnz ere
```

```
        inc si
        mov al,es:[si]
        cmp al,0dh
        jnz ere
        mov di,mod1
        mov al,es:[di]
        cmp al,3
        jz te02
        jmp ede
ere:    call erro
        jmp ede1
te02:   mov di,rm
        mov al,es:[di]
        cmp al,0
        jz te03
        jmp ede
te03:   mov di,w0
        mov al,es:[di]
        cmp al,0
        jnz te2
        mov es:[bx],byte ptr 0a8h
        mov di,m0
        dec byte ptr es:[di]
        call worka
        jmp ede
te2:    mov es:[bx],byte ptr 0a9h
        mov di,m0
        dec byte ptr es:[di]
        call workb
        jmp ede
le1:    mov di,w0
        mov al,es:[di]
        mov di,w1
        mov es:[di],al
        mov di,reg
```

```
        mov al,es:[di]
        cmp al,1
        jnz le11
        call subw2
        mov bx,offset state2
        mov di,t0
        mov es:[di],byte ptr 1
        jmp le12
le11: mov di,rm
        mov al,es:[di]
        mov cl,3
        rol al,cl
        add es:[bx+1],al
        mov bx,offset state2
        add bx,18h
le12: call substate2
        mov di,w0
        mov al,es:[di]
        mov di,w1
        mov ah,es:[di]
        cmp al,ah
        jnz ere1
        mov bx,work1
        mov di,t0
        mov al,es:[di]
        cmp al,1
        jnz le2
        mov di,rm
        mov al,es:[di]
        mov cl,3
        rol al,cl
        add es:[bx+1],al
        jmp te5
ere1: call erro
        jmp ede1
```

```
le2：call subw2
te5：mov di,w0
     mov al,es:[di]
     cmp al,1
     jz te4
     mov es:[bx],byte ptr 84h
     jmp te3
te4：  mov es:[bx],byte ptr 85h
te3：  inc si
     mov al,es:[si]
     cmp al,0dh
     jnz ere1
ede：call subend
ede1：ret
sub14 endp
;    ***********************************************************
sub15 proc near                    ;XCHG 指令处理
     mov di,m0
     mov es:[di],byte ptr 2
     mov di,t0
     mov es:[di],byte ptr 0
     mov bx,offset state2
     add bx,18h
     call substate2
     mov bx,work1
     inc si
     mov al,es:[si]
     cmp al,2ch
     jnz erf
     mov di,w0
     mov al,es:[di]
     mov di,w1
     mov es:[di],al
     mov di,reg
     mov al,es:[di]
```

```
        cmp al,1
        jnz lf1
        call subw2
        mov bx,offset state2
        mov di,t0
        mov es:[di],byte ptr 1
        jmp lf2
lf1：   mov di,rm
        mov al,es:[di]
        mov cl,3
        rol al,cl
        mov es:[bx+1],al
        mov bx,offset state2
        add bx,18h
lf2：call substate2
        mov di,w0
        mov al,es:[di]
        mov di,w1
        mov ah,es:[di]
        cmp al,ah
        jnz erf
        mov bx,work1
        mov di,t0
        mov al,es:[di]
        cmp al,1
        jnz lf3
        mov di,rm
        mov al,es:[di]
        mov cl,3
        rol al,cl
        add es:[bx+1],al
        jmp lf4
erf：call erro
        jmp edf1
lf3：   call subw2
```

```
lf4：  mov di,w0
       mov al,es:[di]
       cmp al,1
       jz lf5
       mov es:[bx],byte ptr 86h
       jmp lf8
lf5：  mov es:[bx],byte ptr 87h
       mov al,es:[bx + 1]
       and al,0f8h
       cmp al,0c0h
       jnz lf6
       mov al,es:[bx + 1]
       and al,7
       jmp lf7
lf6：  mov al,es:[bx + 1]
       and al,0c7h
       cmp al,0c0h
       jnz lf8
       mov al,es:[bx + 1]
       and al,38h
       mov cl,3
       ror al,cl
lf7:mov es:[bx],byte ptr 90h
       add es:[bx],al
       mov di,m0
       mov es:[di],byte ptr 1
lf8:inc si
       mov al,es:[si]
       cmp al,0dh
       jnz erf
       call subend
edf1：ret
sub15 endp
;   ***************************************************
subw2 proc near                    ;公用子程序 1
```

```
        mov di,mod1
        mov al,es:[di]
        ror al,1
        ror al,1
        mov di,rm
        add al,es:[di]
        mov bx,work1
        add es:[bx+1],al
        ret
subw2 endp
;   **********************************************************
worka proc near                 ;公用子程序 2
        mov bx,work1
        mov ah,es:[bx+5]
        mov di,m0
        mov al,es:[di]
        cmp al,2
        jnz wa1
        mov es:[bx+1],ah
wa1: cmp al,3
        jnz wa2
        mov es:[bx+2],ah
wa2: cmp al,4
        jnz wa3
        mov es:[bx+3],ah
wa3: mov es:[bx+4],ah
        ret
worka endp
;   ********************************************
workb proc near                 ;公用子程序 3
        mov bx,work1
        mov ah,es:[bx+5]
        mov al,es:[bx+4]
        mov di,m0
        mov cl,es:[di]
```

```
        cmp cl,3
        jnz wb1
        mov es:[bx+1],al
        mov es:[bx+2],ah
wb1: cmp cl,4
        jnz wb2
        mov es:[bx+2],al
        mov es:[bx+3],ah
wb2: cmp cl,5
        jnz wb3
        mov es:[bx+3],al
        mov es:[bx+4],ah
wb3: ret
workb endp
; ************************************************
substate2 proc near                 ;状态表 2 初始化
        mov di,s0
        mov es:[di],byte ptr 0
        mov di,d0
        mov es:[di],byte ptr 0
        mov di,mod1
        mov es:[di],byte ptr 0
        mov di,rm
        mov es:[di],byte ptr 0
        mov di,reg
        mov es:[di],byte ptr 0
        mov di,w0
        mov es:[di],byte ptr 0
        inc si
        call subscan
        ret
substate2 endp
; *************************************************
substate3 proc near                 ;状态表 3 初始化
        mov bx,d0
```

```
        mov es:[bx],byte ptr 0
        mov bx,t0
        mov es:[bx],byte ptr 0
        mov bx,offset state3
        inc si
        call subscan
        ret
substate3 endp
;   ****************************************************
substate4 proc near                    ;状态表 4 初始化
        mov bx,d0
        mov es:[bx],byte ptr 0
        mov bx,s0
        mov es:[bx],byte ptr 0
        mov bx,offset state4
        inc si
        call subscan
        ret
substate4 endp
;   ****************************************************
subscan proc near                      ;操作数域加工处理主控程序
        mov di,d1
        mov es:[di],byte ptr 0
sc1: mov al,es:[si]
        cmp al,2bh
        jnz sc11
sc10:   mov ah,[bx]
        cmp al,ah
        jz sc3
        cmp ah,8fh
        jae sc3
        add bx,4
        jmp sc10
sc11:   and al,0dfh
sc2: mov ah,[bx]
```

```
        and ah,0dfh
        cmp al,ah
        jz sc3
        cmp ah,8fh
        jae sc3
        add bx,4
        jmp sc2
sc3：    mov di,bx
        mov al,[bx+2]
        mov ah,0
        push ax
        add ax,bx
        push ax
        mov bl,[bx+3]
        shl bl,1
        mov bh,0
        add bx,offset subin2
        mov cx,[bx]
        mov bx,di
        call cx
        pop bx
        pop ax
        mov di,d1
        mov cl,es:[di]
        cmp cl,1
        jz scd
        cmp al,0ffh
        jz scd
        inc si
        jmp sc1
scd：ret
subscan endp
;  ***********************************************
subb1 proc near                  ;加工处理子程序 1
        mov cl,[bx+1]
```

```
        mov di,d0
        add es:[di],cl
        ret
subb1 endp
;   **********************************************
subb2 proc near              ;加工处理子程序 2
        mov di,d0
        mov es:[di],byte ptr 0
        mov di,s0
        mov es:[di],byte ptr 1
        mov di,reg
        mov es:[di],byte ptr 1
        call subab
        cmp ah,1
        jz sbd1
        mov bx,work1
        mov es:[bx + 5],al
        call subab
        cmp ah,1
        jz ers
        mov es:[bx + 4],al
        mov di,rm
        mov es:[di],byte ptr 6
        inc si
        mov al,es:[si]
        cmp al,5dh
        jnz ers
        mov di,m0
        add es:[di],byte ptr 2
        call workb
        mov di,d1
        mov es:[di],byte ptr 1
        jmp sbd1
ers: call erro
sbd1: ret
```

```
subb2 endp
;      ****************************************************
subb3 proc near                ;加工处理子程序 3
    mov cl,[bx + 1]
    mov di,d0
    add cl,es:[di]
    mov di,rm
    mov es:[di],cl
    mov di,s0
    mov al,es:[di]
    cmp al,0
    jnz bed3
    mov di,w0
    mov es:[di],byte ptr 1
    mov di,mod1
    mov es:[di],byte ptr 3
bed3: ret
subb3 endp
;      ****************************************************
subb4 proc near                ;加工处理子程序 4
    call subb3
    mov di,w0
    mov es:[di],byte ptr 0
    ret
subb4 endp
;      ****************************************************
subb5 proc near                ;加工处理子程序 5
    pop ax
    pop bx
    sub bx,byte ptr 20h
    mov di,d0
    add es:[di],byte ptr 5
    push bx
    push ax
    ret
```

```
subb5 endp
;   **********************************************
subb6 proc near              ;加工处理子程序6
    inc si
    call subb9
eds6：ret
subb6 endp
;   **********************************************
subb7 proc near              ;加工处理子程序7
    mov bx,rm
    mov di,d0
    mov al,es：[di]
    cmp al,6
    jnz ls71
    mov es：[bx],byte ptr 0
ls71：cmp al,0ah
    jnz ls72
    mov es：[bx],byte ptr 1
ls72：cmp al,7
    jnz ls73
    mov es：[bx],byte ptr 2
ls73：cmp al,0bh
    jnz ls74
    mov es：[bx],byte ptr 3
ls74：cmp al,5
    jnz ls75
    mov es：[bx],byte ptr 4
ls75：cmp al,9
    jnz ls76
    mov es：[bx],byte ptr 5
ls76：ret
subb7 endp
;   **********************************************
subb8 proc near              ;加工处理子程序8
    mov di,mod1
```

```
        mov es:[di],byte ptr 0
        mov di,rm
        mov es:[di],byte ptr 7
        mov cl,[bx + 1]
        mov di,d0
        mov es:[di],cl
        ret
subb8 endp
;    **********************************************************
subb9 proc near                    ;加工处理子程序 9
        push si
        sub si,byte ptr 1
        call subab
        cmp ah,1
        jz eb0
        mov bx,work1
        mov es:[bx + 5],al
        call subab
        mov di,mod1
        cmp ah,1
        jz bb1
        mov es:[bx + 4],al
        mov es:[di],byte ptr 2
        mov di,m0
        add es:[di],byte ptr 2
        call workb
        jmp bb2
bb1: mov es:[di],byte ptr 1
        mov di,m0
        add es:[di],byte ptr 1
        call worka
bb2: inc si
        mov al,es:[si]
        cmp al,5dh
        jnz bbr
```

```
;       mov di,rm
;        mov es:[di],byte ptr 6
        mov di,d1
        mov es:[di],byte ptr 1
        pop di
        jmp ebb
bbr：   call erro
eb0：   pop si
ebb：   ret
subb9 endp
;       *********************************************************
subba proc near                ;加工处理子程序 10
        mov di,t0
        mov es:[di],byte ptr 1
        ret
subba endp
;       *********************************************************
subbb proc near                ;加工处理子程序 11
        mov di,s0
        mov es:[di],byte ptr 1
        mov di,d0
        mov cl,es:[di]
        mov di,rm
        mov es:[di],cl
        ret
subbb endp
;       *********************************************************
subbc proc near                ;加工处理子程序 12
        pop ax
        pop bx
        sub bx,byte ptr 24h
        mov di,d0
        add es:[di],byte ptr 9
        push bx
        push ax
```

```
        ret
subbc endp
;   ********************************************************
subbd proc near              ;加工处理子程序 13
    call erro
    pop di
    pop di
    pop di
    pop di
    pop di
    ret
subbd endp
;   ********************************************************
subbe proc near              ;加工处理子程序 14
    mov di,w0
    mov es:[di],byte ptr 1
    ret
subbe endp
;   ********************************************************
subbf proc near              ;加工处理子程序 15
    ret
subbf endp
;   ********************************************************
subab proc near                ;数字转换
    push si
    mov ah,0
    inc si
    mov cl,es:[si]
    cmp cl,30h
    jl ll
    cmp cl,39h
    jle lab1
    and cl,0dfh
    cmp cl,41h
    jl ll
```

```
        cmp cl,46h
        jg ll
        sub cl,37h
        jmp lab2
lab1：sub cl,30h
lab2：mov al,cl
        inc si
        mov cl,es:[si]
        cmp cl,30h
        jl ll
        cmp cl,39h
        jle tt1
        and cl,0dfh
        cmp cl,41h
        jl ll
        cmp cl,46h
        jg ll
        sub cl,37h
        jmp tt2
tt1:sub cl,30h
tt2:shl al,1
        shl al,1
        shl al,1
        shl al,1
        add al,cl
        pop di
        jmp eab
ll：  inc ah
        pop si
eab：ret
subab endp
;  **************************************************
data  segment
;  **************** 状态表 1
state1 db 41h,00,33h,43h,0,4eh,44h,0,8dh,45h,0,0aeh,48h
```

```
    db 0h,0b4h,49h,0,0b7h,4ah,0,0e4h,4ch,01h,68h,4dh,01h,0a7h,
      4eh,01h
    db 0bfh,4fh,01h,0cbh,50h,01h,0d1h,52h,01h,0e9h,53h,02h,1ch,
      54h,02h
    db 73h,57h,02h,79h,78h,02h,7fh
a   db 41h,0fh,09h,44h,0fh,12h,6eh,0fh,15h,41h,37h,01h,44h,0d5h,02h
    db 4dh,0d4h,02h,73h,3fh,01h,43h,10h,13h,64h,0,13h,64h,20h,13h
c   db 41h,0fh,12h,42h,0fh,15h,4ch,0fh,15h,4dh,0fh,1bh,53h,0fh,2dh
    db 77h,0fh,30h,6ch,0fh,03h,6ch,0e8h,15h,77h,98h,01h,43h,0f8h,01h
    db 44h,0fch,01h,69h,0fah,01h,43h,0f5h,01h,70h,0fh,03h,20h,38h,03h
    db 73h,0fh,03h,0dh,0a6h,01h,42h,0a6h,01h,77h,0a7h,01h,3ah,2eh,01h
    db 0ffh,0h,0h,64h,99h,01h
d   db 42h,01h,04h,57h,02h,04h,41h,0fh,0ch,45h,0fh,0fh,49h,0fh,0fh
    db 73h,0fh,0fh,41h,27h,01h,73h,2fh,01h,63h,48h,16h,76h,06h,17h
    db 3ah,3eh,01h,0ffh,0h,0h
e   db 73h,0fh,03h,3ah,26h,01h,0ffh,0h,0h
h   db 6ch,0fh,03h,74h,0f4h,01h
i   db 44h,0fh,0ch,4dh,0fh,0fh,4eh,0fh,12h,72h,0fh,21h,69h,0fh,03h
    db 76h,07h,17h,75h,0fh,03h,6ch,05h,17h,20h,0e4h,08h,43h,40h,16h
    db 74h,0fh,03h,0dh,0cch,0h,20h,0cdh,08h,6fh,0ceh,01h,65h,0fh
    db 03h,74h,0cfh,01h
j   db 41h,0fh,24h,42h,0fh,27h,43h,0fh,2ah,45h,74h,19h,47h,0fh,2dh
    db 4ch,0fh,30h,4dh,0fh,33h,4eh,0fh,33h,4fh,70h,19h,50h,0fh,63h
    db 53h,78h,19h,7ah,74h,19h,20h,77h,09h,65h,73h,19h,20h,72h,09h
    db 65h,76h,19h,20h,72h,09h,78h,0fh,03h,7ah,0e3h,19h,20h,7fh,09h
    db 65h,7dh,19h,20h,7ch,09h,65h,7eh,19h,70h,0e9h,15h,43h,73h,19h
    db 41h,0fh,1bh,42h,0fh,1eh,45h,75h,19h,47h,0fh,1eh,4ch,0fh,21h
    db 4fh,71h,19h,50h,7bh,19h,53h,79h,19h,7ah,75h,19h,20h,76h,09h
    db 65h,72h,19h,20h,73h,09h,65h,77h,19h,20h,7eh,09h,65h,7ch,19h
    db 20h,7dh,09h,65h,7fh,19h,20h,7ah,09h,45h,7ah,19h,6fh,7bh,19h
l   db 41h,0fh,0ch,44h,0fh,0fh,45h,0fh,0fh,6fh,0fh,12h,68h,0fh,03h
    db 66h,9fh,01h,73h,0c5h,1ah,41h,8dh,1ah,73h,0c4h,1ah,44h,0fh,06h
    db 6fh,0fh,0fh,73h,0fh,03h,0dh,0ach,0h,42h,0ach,01h,77h,0adh,01h
    db 70h,0fh,03h,20h,0e2h,09h,45h,0e1h,19h,5ah,0e1h,19h,6eh,0fh,03h
    db 45h,0e0h,19h,7ah,0e0h,19h
```

```
    m  db 4fh,0fh,06h,75h,0fh,15h,76h,0fh,03h,20h,0h,0bh,73h,0fh,03h
       db 0dh,0a4h,0h,42h,0a4h,01h,77h,0a5h,01h,6ch,04h,17h
    n  db 45h,0fh,06h,6fh,0fh,06h,67h,03h,17h,50h,90h,01h,74h,02h,17h
    o  db 52h,08h,13h,75h,0fh,03h,74h,0e6h,18h
    p  db 4fh,0fh,06h,75h,0fh,0ch,70h,0fh,03h,20h,58h,06h,66h,9dh,01h
       db 73h,0fh,03h,68h,0fh,03h,20h,50h,06h,66h,9ch,01h
    r  db 43h,0fh,09h,45h,0fh,0ch,6fh,0fh,18h,4ch,02h,1ch,72h,03h,1ch
       db 50h,0fh,15h,74h,0fh,03h,0dh,0c3h,0h,20h,0c3h,0dh,66h,0cbh,0dh
       db 4ch,0h,1ch,72h,01h,1ch,0dh,0f2h,0h,45h,0f3h,01h,5ah,0f3h,01h
       db 6eh,0fh,03h,45h,0f2h,01h,7ah,0f2h,01h
    s  db 41h,0fh,15h,42h,0fh,1eh,43h,0fh,1eh,48h,0fh,2ah,53h,0fh,2dh
       db 54h,0fh,30h,75h,0fh,45h,4ch,04h,1ch,52h,07h,1ch,68h,0fh,03h
       db 66h,9eh,01h,62h,18h,13h,61h,0fh,03h,73h,0fh,03h,0dh,0aeh,0h
       db 42h,0aeh,01h,77h,0afh,01h,4ch,04h,1ch,72h,05h,1ch
       db 3ah,36h,01h,0ffh,0h,0h,43h,0f9h,01h,44h,0fdh,01h,49h,0fbh,01h
       db 6fh,0fh,03h,73h,0fh,03h,0dh,0aah,0h,42h,0aah,01h,77h,0abh,01h
       db 62h,28h,13h
    t  db 65h,0fh,03h,73h,0fh,03h,74h,0h,1eh
    w  db 61h,0fh,03h,69h,0fh,03h,74h,9bh,01h
    x  db 43h,0fh,09h,4ch,0fh,0ch,6fh,0fh,0fh,68h,0fh,03h,67h,0h,1fh
       db 61h,0fh,03h,74h,0d7h,01h,72h,30h,13h
;    ****************  状态表2
state2 db 41h,0h,44h,01h,42h,03h,3ch,01h,43h,01h,50h,01h
       db 44h,02h,48h,01h,53h,04h,58h,01h,0ffh,0h,0ffh,0dh
    s1 db 41h,0h,2ch,01h,42h,03h,20h,01h,43h,01h,38h,01h,44h,02h,30h,01h
       db 53h,04h,40h,01h,57h,01h,08h,0eh,42h,03h,04h,0fh,5bh,0h,40h,02h
       db 0ffh,0h,0ffh,0dh,5bh,0h,38h,02h,50h,02h,0ffh,03h,48h,04h,
          0ffh,04h
       db 4ch,0h,0ffh,04h,58h,0h,0ffh,03h,0ffh,0h,0ffh,0dh,49h,05h,
          0ffh,03h
       db 48h,04h,0ffh,04h,4ch,0h,0ffh,04h,58h,0h,0ffh,03h,0ffh,0h,
          0ffh,0dh
       db 50h,0h,0ffh,03h,49h,02h,0ffh,03h,0ffh,0h,0ffh,0dh,42h,0h,
          10h,0fh
       db 53h,05h,18h,01h,44h,09h,14h,01h,0ffh,0h,0ffh,0dh,50h,02h,
```

```
                24h,01h
        db 58h,01h,1ch,08h,0ffh,0h,0ffh,0dh,49h,0h,08h,07h,0ffh,0h,
                0ffh,0dh
        db 5dh,0h,0ffh,0fh,2bh,0h,0ffh,06h,0ffh,0h,0ffh,0dh,5dh,0h,
                0ffh,0fh
        db 2bh,0h,08h,0fh,0ffh,0h,0ffh,0dh,53h,05h,0h,05h,44h,09h,
                0h,0ch
        db 0ffh,0h,0ffh,09h
;    ********************  状态表 3
state3 db 41h,0h,1ch,01h,42h,03h,20h,01h,43h,01h,14h,01h
        db 44h,02h,0ch,01h,53h,04h,20h,01h,0ffh,0h,0ffh,0ah,49h,05h,
                0ffh,03h
        db 58h,0h,0ffh,03h,0ffh,0h,0ffh,0ah,50h,02h,0ffh,03h,58h,0h,
                0ffh,03h
        db 0ffh,0h,0ffh,0ah,49h,02h,0ffh,03h,50h,0h,0ffh,03h,0ffh,
                0h,0ffh,0ah
;    ********************  状态表 4
state4 db 45h,0h,14h,01h,43h,01h,10h,01h,53h,02h,0ch,01h
        db 44h,03h,08h,01h,0ffh,0h,0ffh,0fh,53h,0h,0ffh,0bh,0ffh,0h,
                0ffh,0fh
err1 db ´error!!! ´
db 13,10,´$´
; ********************  汇编指令处理程序入口
subin1 dw subd,sub1,sub2,sub3,sub4,sub5,sub6,sub7,sub8,sub9
        dw sub10,sub11,sub12,sub13,sub14,sub15
; ********************  操作数域加工处理程序入口
subin2 dw 0000h,subb1,subb2,subb3,subb4,subb5,subb6,subb7
        dw subb8,subb9,subba,subbb,subbc,subbd,subbe,subbf
;subin set up
mod1 dw 04a0h                        ;方式字节的 mod 域
rm dw 04a1h                          ;方式字节的 rm 域
reg dw 04a2h                         ;方式字节的 reg 域
d0 dw 04a3h                          ;方向位标志 0
d1 dw 04a4h                          ;方向位标志 1
w0 dw 04a5h                          ;操作数 1 字或字节标志
```

```
w1 dw 04a6h                        ;操作数 2 字或字节标志
t0 dw 04a7h                        ;临时变量单元
s0 dw 04a8h                        ;符号扩展位标志位
m0 dw 04a9h                        ;机器指令字节长度计数
work1 dw 04aah                     ;机器指令保存单元(6 字节)
dest1 dw 04b0h                     ;输出汇编结果(机器指令)指针
source dw 0405h                    ;汇编指令输入缓冲区扫描指针
data   ends
;     ****************************************************
stack1   segment
     dw 32 dup（0）
     tos label word
stack1 ends
;     ****************************************************
main endp
code ends
end start
```

参 考 文 献

王磊，胡元义. 2009. 编译原理. 3 版. 北京:科学出版社

胡元义，邓亚玲，胡英. 2002. 编译原理实践教程. 西安:西安电子科技大学出版社

胡元义等. 2002. 编译原理课程辅导与习题解析. 北京:人民邮电出版社

胡元义等. 2002. 编译原理考研全真试题与解答. 西安:西安电子科技大学出版社

附录 1　8086／8088 指令码汇总表

Mnemonic and Description	Instruction Code			
DATA TRANSFER				
MOV＝ Move：				
Register/Memory to/from Register	100010dw	mod reg r/m		
Immediate to Register/Memory	1100011w	mod 000 r/m	data	data if w＝1
Memory to Register	1011wreg	data	data if w＝1	
Memory to Accumulator	1010000w	addr-low	addr-high	
Accumulator to Memory	1010001w	addr-low	addr-high	
Register/Memory to Segment Register	10001110	mod 0reg r/m		
Segment Register to Register/Memory	10001100	mod 0reg r/m		
PUSH＝Push：				
Register/Memory	11111111	mod 110 r/m		
Register	01010reg			
Segment Register	000reg110			
POP＝Pop：				
Register/Memory	10001111	mod 000 r/m		
Register	01011reg			
Segment Register	000reg111			
XCHG＝Exchange：				
Register/Memory with Register	1000011w	mod reg r/m		
Register with Accumulator	10010reg			
IN＝Input from：				
Fixed Port	1110010w	port		
Variable Port	1110110w			
OUT＝Output to：				
Fixed Port	1110011w	port		
Variable Port	1110111w			
XLAT＝Translate Byte to AL	11010111			
LEA＝Load EA to Register	10001101	mod reg r/m		
LDS＝Load Pointer to DS	11000101	mod reg r/m		

续表

Mnemonic and Description	Instruction Code			
DATA TRANSFER				
LES＝Load pointer to ES	11000100	mod reg r/m		
LAHF＝Load AH With Flags	10011111			
SAHF＝Store AH into Flags	10011110			
PUSHF＝Push Flags	10011100			
POPF＝Pop Flags	10011101			
ARITHMETIC				
ADD＝Add：				
Reg. /Memory With Register to Either	000000dw	mod reg r/m		
Immediate to Register/Memory	100000sw	mod 000 r/m	data	data if sw＝01
Immediate to Accumulator	0000010w	data	data if sw＝1	
ADC＝Add with Carry：				
Reg. /Memory With Register to Either	000100dw	mod reg r/m		
Immediate to Register/Memory	100000sw	mod 010 r/m	data	Data if sw＝01
Immediate to Accumulator	0001010w	data	Data if w＝1	
INC＝Increment：				
Register/Memory	1111111w	Mod 000 r/m		
Register	01000reg			
AAA＝ASCII Ad Adjust for Add	00110111			
DAA＝Decimal Adjust for Add	00100111			
SUB＝Subtract：				
Reg. /Memory and Register to Either	001010dw	mod reg r/m		
Immediate from Register/Memory	100000sw	mod 101 r/m	data	data if sw＝01
Immediate from Accumulator	0010110w	data	data if w＝1	
SBB＝Subtract with Borrow				
Reg. /Memory With Register to Either	000110dw	mod reg r/m		
Immediate from Register/Memory	100000sw	mod 011 r/m	data	data if sw＝01
Immediate from Accumulator	0000111w	data	data if w＝1	
DEC＝Decrement：				
Register/Memory	1111111w	mod 001 r/m		
Register	01001reg			
NEG＝Change sign	1111011w	mod 011 r/m		
CMP＝Compare：				
Register/Memory and Register	001110dw	mod reg r/m		
Immediate to Register/Memory	100000sw	mod 111 r/m	data	data if sw＝01
Immediate to Accumulator	0011110w	data	data if w＝1	

续表

Mnemonic and Description	Instruction Code			
DATA TRANSFER				
AAS＝ASCII Adjust for Subtract	00111111			
DAS＝Decimal Adjust for Subtract	00101111			
MUL＝Multiply(Unsigned)	1111011w	mod 100 r/m		
IMUL＝Integer Multiply(Signed)	1111011w	mod 101 r/m		
AAM＝ASCII Adjust for Multiply	11010100	00001010		
DIV＝Divide(Unsigned)	1111011w	mod 110 r/m		
IDIV＝Integer Divide(Signed)	1111011w	mod 111 r/m		
AAD＝ASCII Adjust for Divide	11010101	00001010		
CBW＝Convert Byte to Word	10011000			
CWD＝Convert Word to Double Word	10011001			
Logic				
NOT＝Invert	1111011w	mod 010 r/m		
SHL/SAL＝Shift Logical/Arithmetic Left	110100vw	mod 100 r/m		
SHR＝Shift Logical Right	110100vw	mod 101 r/m		
SAR＝Shift Arithmetic Right	110100vw	mod 111 r/m		
ROL＝Rotate Left	110100vw	mod 000 r/m		
ROR＝Rotate Right	110100vw	mod 001 r/m		
RCL＝Rotate Through Carry Flag Left	110100vw	mod 010 r/m		
RCR＝Rotate Through Carry Flag Right	110100vw	mod 011 r/m		
AND＝And:				
Reg. /Memory and Register to Either	001000dw	mod reg r/m		
Immediate to Register/Memory	1000000w	mod 100 r/m	data	data if w＝1
Immediate to Accumulator	0010010w	data	data if w＝1	
TEST＝And Function to Flags, No Result:				
Register/Memory and Register	1000010w	mod reg r/m		
Immediate Data and Register/Memory	1111011w	mod 000 r/m	data	data if w＝1
Immediate Data and Accumulator	1010100w	data	data if w＝1	
OR＝Or:				
Reg. /Memory and Register to Either	000010dw	mod reg r/m		
Immediate to Register/Memory	1000000w	mod 001 r/m	data	data if w＝1
Immediate to Accumulator	0000110w	data	data if w＝1	
XOR＝Exclusive or:				
Reg. /Memory and Register to Either	001100dw	mod reg r/m		
Immediate to Register/Memory	1000000w	mod 110 r/m	data	data if w＝1
Immediate to Accumulator	0011010w	data	data if w＝1	

续表

Mnemonic and Description	Instruction Code		
DATA TRANSFER			
STRING MANIPULATION			
REP＝Repeat	1111001z		
MOVS＝Move Byte/Word	1010010w		
CMPS＝Compare Byte/Word	1010011w		
SCAS＝Scan Byte/Word	1010111w		
LODS＝Load Byte/Wd to AL/AX	1010110w		
STOS＝Store Byte/Wd from AL/AX	1010101w		
CONTROL TRANSFER			
CALL＝Call：			
Direct within Segment	11101000	disp-low	disp-high
Indirect within Segment	11111111	mod 010 r/m	
Direct Intersegment	10011010	offset-low	offset-high
		seg-low	seg-high
Indirect intersegment	11111111	mod 011 r/m	
JMP＝Unconditional Jump：			
Direct within Segment	11101001	disp-low	disp-high
Direct within Segment Short	11101011	disp	
Indirect within Segment	11111111	mod 100 r/m	
Direct Intersegment	11101010	offset-low	offset-high
		seg-low	seg-high
Indirect Intersegment	11111111	mod 101 r/m	
RET＝Return from CALL：			
Within Segment	11000011		
Within Seg Adding Immed to SP	11000010	data-low	data-high
Intersegment	11001011		
Intersegment Adding Immediate to SP	11001010	data-low	data-high
JE/JZ＝Jump on Equal/Zero	01110100	disp	
JL/JNGE＝Jump on Less/Not Greater or Equal	01111100	disp	
JLE/JNG＝Jump on Less or Equal/Not Greater	01111110	disp	
JB/JNAE＝Jump on Below/Not Above or Equal	01110010	disp	
JBE/JNA＝Jump on Below or Equal/Not Above	01110110	disp	
JP/JPE＝Jump on Parity/Parity Even	01111010	disp	
JO＝Jump on Overflow	01110000	disp	
JS＝Jump on Sign	01111000	disp	
JNE/JNE＝Jump on Not Equal/Not Zero	01110101	disp	
JNL/JGE＝Jump on Not Less/Greater or Equal	01111101	disp	

Mnemonic and Description	Instruction Code	
DATA TRANSFER		
JNE/JG＝Jump on Not Less or Equal/Greater	01111111	disp
JNB/JAE＝Jump on Not Below/Above or Equal	01110011	disp
JNBE/JA＝Jump on Not Below or Equal/Above	01110111	disp
JNP/JPO＝Jump on Not Par/Par Odd	01111011	disp
JNO＝Jump on Not Overflow	01110001	disp
JNS＝Jump on Not Sign	01111001	disp
LOOP＝Loop CX Times	11100010	disp
LOOPZ/LOOPE＝Loop While Zero/Equal	11100001	disp
LOOPNZ/LOOPNE＝Loop While Not Zero/Equal	11100000	disp
JCXZ＝Jump on CX Zero	11100011	disp
INT＝interrupt		
Type Specified	11001101	type
Type 3	11001100	
INTO＝Interrupt on Overflow	11001110	
IRET＝Interrupt Return	11001111	
PROCESSOR CONTROL		
CLC＝Clear Carry	11111000	
CMC＝Complement Carry	11110101	
STC＝Set Carry	11111001	
CLD＝Clear Direction	11111100	
STD＝Set Direction	11111101	
CLI＝Clear interrupt	11111010	
STI＝Set interrupt	11111011	
HLT＝Halt	11110100	
WAIT＝Wait	10011011	
ESC＝Escape(to External Device)	11011xxx	mod xxx r/m
LOCK＝Bus Lock Prefix	11110000	

附录 2　8086 / 8088 指令编码空间表

主操作码空间

	0	1	2	3	4	5	6	7	8	9	A	B	C	D	E	F
0	ADD r/m,reg	ADD w r/m,reg	ADD d r/m,reg	ADDdw reg,r/m	ADD AL,imm	ADDwAX,i AX,imm	PUSH ES	POP ES	OR r/m,reg	OR w r/m,reg	OR d r/m,reg	OR d w reg,r/m	OR AL,imm	OR w AX,imm	PUSH CS	
1	ADC r/m,reg	ADC w r/m,reg	ADC d r/m,reg	ADCdw reg,r/m	ADC AL,imm	ADC AX,imm	PUSH SS	POP SS	SBB r/m,reg	SBB w r/m,reg	SBB d reg,r/m	SBBdw reg,r/m	SBB AL,imm	SBB w AX,imm	PUSH DS	POP DS
2	AND r/m,reg	AND w r/m,reg	AND d r/m,reg	ANDdw reg,r/m	AND AL,imm	AND AX,imm	SEGMENT ES	DAA	SUB r/m,reg	SUB w r/m,reg	SUB d reg,r/m	SUBdw reg,r/m	SUB AL,imm	SUB w AX,imm	SEGMENT CS	DAS
3	XOR r/m,reg	XOR w r/m,reg	XOR d r/m,reg	XORdw reg,r/m	XOR AL,imm	XOR AX,imm	SEGMENT SS	AAA	CMP r/m,reg	CMP w r/m,reg	CMP d reg,r/m	CMPdw reg,r/m	CMP w AL,imm	CMP w AX,imm	SEGMENT DS	AAS
4	INC AX	INC CX	INC DX	INC BX	INC SP	INC BP	INC SI	INC DI	DEC AX	DEC CX	DEC DX	DEC BX	DEC SP	DEC BP	DEC SI	DEC DI
5	PUSH AX	PUSH CX	PUSH DX	PUSH BX	PUSH SP	PUSH BP	PUSH SI	PUSH DI	POP AX	POP CX	POP DX	POP BX	POP SP	POP BP	POP SI	POP DI
6																
7	JO	JNO	JB/JNAE	JNB/JAE	JE/JZ	JNE/JNZ	JBE/JNA	JNBE/JA	JS	JNS	JP/JPE	JNP/JPO	JL/JNGE	JNL/JGE	JLE/JNG	JNLE/JG
8	...	...w	...s	...sw	TEST r/m,reg	TEST w r/m,reg	XCHG r/m,reg	XCHGw r/m,reg	MOV r/m,reg	MOV w r/m,reg	MOV d r/m,reg	MOVdw r/m,reg	MOV reg,r/m	LEA reg,r/m	MOV reg,r/m	...

续表

	0	1	2	3	4	5	6	7	8	9	A	B	C	D	E	F
9	XCHG AX,AX	XCHG CX,AX	XCHG DX,AX	XCHG BX,AX	XCHG SP,AX	XCHG BP,AX	XCHG SI,AX	XCHG DI,AX	CBW	CWD	CALL inter	WAIT	PUSHF	POPF	SAHF	LAHF
A	MOV AL,men	MOV w AX,men	MOV mem,AL	MOV w mem,AX	MOVS	MOVS w	CMPS	CMPS w	TEST AL,imm	TEST AX,imm	STOS	STOS w	LODS	LODS w	SCAS	SCAS w
B	MOV AL,imm	MOV CL,imm	MOV DL,imm	MOV BL,imm	MOV AH,imm	MOV CH,imm	MOV DH,imm	MOV BH,imm	MOV AX,imm	MOV CX,imm	MOV DX,imm	MOV BX,imm	MOV SP,imm	MOV BP,imm	MOV SI,imm	MOV DI,imm
C			RET intra+	RET intra	LES reg,r/m	LDS reg,r/m	MOV r/m,imm	MOV w r/m,imm			RET inter+	RET inter	INT type 3	INT	INTO	IRET
D	...	... w	... v	... vw	AAM	AAD	...	...w	ESC 0	ESC 1	ESC 2	ESC 3	ESC 4	ESC 5	ESC 6	ESC 7
E	LOOPNZ/ LOOPNE	LOOPZ/ LOOPE	LOOP	JCXZ	IN AL,port	IN AL,port	OUT port,AL	OUT port,AX	CALL intra	JMP intra	JMP inter	JMP short	IN AL,var	IN AX,var	OUT var,AL	OUT var,AX
F	LOCK		REP/ REPNE/ REPNZ	REPE/ REPZ	HLT	CMC	...	...w	CLC	STC	CLI	STI	CLD	STD	...	... w

注：…的意思是参见次操作码空间。

次操作码空间（第二个字节内的操作码）

	0	1	2	3	4	5	6	7
80~83	ADD r/m,imm	OR r/m,imm	ADC r/m,imm	SBB r/m,imm	AND r/m,imm	SUB r/m,imm	XOR r/m,imm	CMP r/m,imm
8F	POP r/m							
D0~D3	ROL r/m	ROR r/m	RCL r/m	RCR r/m	SHL/SAL r/m	SHR r/m		RAR r/m
F6~F7	TEST r/m,imm		NOT r/m	NEG r/m	MUL r/m	IMUL r/m	DIV r/m	IDIV r/m
FE	INC r/m	DEC r/m						
FF	INC w r/m	DEC w r/m	CALL intra	CALL inter	JMP intra	JMP inter	PUSH r/m